可爱的科学
藏在故事里的科学知识 第2辑

回家的燕子

刘兴诗 著

时代出版传媒股份有限公司
安徽教育出版社

图书在版编目（CIP）数据

回家的燕子／刘兴诗著.—合肥：安徽教育出版社，2014

（可爱的科学：藏在故事里的科学知识.第2辑）

ISBN 978-7-5336-6309-4

Ⅰ.①回… Ⅱ.①刘… Ⅲ.①动物—少年读物 Ⅳ.①Q95-49

中国版本图书馆CIP数据核字（2014）第032042号

回家的燕子

HUIJIA DE YANZI

出 版 人：郑　可
质量总监：张丹飞
策划编辑：杨多文　周　佳
责任编辑：徐家莉
装帧设计：张鑫坤
责任印制：王　琳

出版发行：时代出版传媒股份有限公司　安徽教育出版社
地　　址：合肥市经开区繁华大道西路398号　邮编：230601
网　　址：http://www.ahep.com.cn
营销电话：(0551)63683012，63683013
排　　版：安徽创艺彩色制版有限责任公司
印　　刷：合肥华星印务有限公司

开　本：650×960　1/16
印　张：8
字　数：100千字
版　次：2015年2月第1版　2015年2月第1次印刷
定　价：16.00元

（如发现印装质量问题，影响阅读，请与本社营销部联系调换）

序

21世纪已越过第一个10年。

21世纪是科学的世纪，21世纪是希望的世纪。

亲爱的孩子，你做好迎接新挑战的准备了吗？

稀里糊涂闯进21世纪可不行。没有科学知识，你可别想在21世纪站住脚。

科学知识不是药片，要用的时候，不能像吃药一样咕噜噜喝一杯水吞下去就解决问题了。科学知识要从小慢慢学，才学得多、学得好。想用懒人吃药片的办法，一口把所有的科学知识通通吞进肚子里，那可办不到！

课本里有许多科学知识。可是叫你天天啃干巴巴的课本，背着又大又重的书包，从早到晚啃得头昏脑涨也不行呀！

丢掉大书包，从故事书里学科学知识吧！

看故事书能学科学知识吗？

可以呀！这几本薄薄的故事书，就藏着许多有用的科学知识。你不信吗？请你翻开书，一页一页看下去，就能从有趣的故事里找出许多科学知识。这不是难吃的药片，也不是干巴巴的课本。在你看得津津有味的时候，科学知识就不知不觉学到手了。

科学知识有深有浅。这里讲的是科学家老爷爷用的很深很深的科学知识吗？

不，高深的科学知识等你长大了慢慢学。学科学就像爬楼梯，必须老老实实一步一步爬上去。谁想一步就爬到顶，那可不成。

你翻开这几本书仔细看一下，会瞧见许多老朋友，好像在什么地方见过。

它们是谁？

原来是课本里的老朋友呀！

啊哈，明白了。这是几本魔法故事书，好像孙悟空七十二变，把课本里干巴巴的科学知识，一下子都变成非常有趣的故事了。读了这些故事，再打开课本好好学，就会学得更好。

这样学科学一点也不费力气。

来吧，亲爱的孩子，立下雄心壮志，从小爱科学、学科学，新世纪的未来还等着你们去开拓呢！

刘兴诗

目录

1 / 回家的燕子

5 / 谁在"布谷、布谷"叫

9 / "树医生"治病记

13 / 给乌鸦评功摆好

17 / "水边隐士"鹭鸶

21 / "东方宝石"朱鹮

25 / 南飞的大雁

29 / 说话的鹦鹉

33 / 偷吃羊肉的大熊猫

37 / 河狸建筑师

41 / 忠诚的空中信使

45 / 鲤鱼跳龙门

49 / 桃花流水鳜鱼肥

52 / 沙漠"指路碑"

55 / 美人鱼的传说

59 / 可爱的海上救生员

63 / 萤火虫提灯会

67 / 假清高的蝉

71 / 陶行知和蜻蜓

75 / 螳螂大将军

79 / "呱、呱"叫的青蛙

83 / 罕见的"文字鱼"

87 / 海底跛脚老渔翁

91 / 小小水上"滑翔机"

95 / 半截身子的翻车鱼

99 / 海里的"大象"

103 / 真实的"侏罗纪公园"

107 / 爬上树的鱼

111 / 沙漠之舟——骆驼

114 / 沙漠盗贼大沙鼠

118 / 陆地动物之王——大象

回家的燕子

南宋末年有一个叫姚玉京的年轻寡妇，她家的屋梁上有一个燕巢，住着两只燕子。这个青年寡妇孤单单地住在这里，生活非常寂寞。这两只燕子飞来飞去，每天呢呢喃喃地鸣叫，打破了院子里的沉寂，好像在向她诉说什么。

不消说，燕子飞来的时候，就是姚玉京最高兴的时候，瞧见它们那熟悉的身影，她的脸上会泛起笑容，她才能感受到生活的乐趣。她把这两只燕子当作最知心的朋友，把所有的爱倾注在它们身上，不仅特意为它们准备一些食物，还时刻提防不怀好意的猫爬上屋梁伤害它们。

这两只燕子仿佛也了解她的心情，领受她的深深情意，总是在她的身边飞来飞去，把自己的欢乐分给她，安慰她。

有一天，不幸的事情发生了。其中一只燕子被鹰啄死了，只剩下一只孤燕。像那个青年寡妇一样悲伤，它整天在院子里孤独地飞来飞去，好像丢掉了魂似的。

凉爽的秋风一阵阵吹起，这只孤燕拍着翅膀要离开这儿了。姚玉京舍不得和它分别，也担心它独自长途远飞，会在半路上遭遇不幸，就把一根红丝线拴在它的脚上，对它说："燕子啊，明年春天你再回来陪我吧。"

那只燕子经不住越来越冷的天气，终于拍打着翅膀起飞了。它尖声哀鸣着，带着那根红丝线飞走了。第二年，它又带着红丝线飞回来，这样来来往往六七年，随风拖曳着那根红丝线，和别的燕子不一样。后来姚玉京死了，那只燕子带着红丝线飞回来，但找不到她，整天在院子里悲伤地叫着。人们知道它在寻找什么，指给它看姚玉京的坟墓。燕子悲伤地叫着，带着那根红丝线死在她的坟前。

春天来了，燕子回来了。

瞧呀，两只熟悉的身影低低掠过天井，笔直飞到屋檐下面，找到了它们从前住的旧巢。

听呀，它们兴奋地呢呢喃喃，不知在说什么事情。是互相倾诉回家的喜悦吗？是向屋子的主人问好，说一声："您好！还认识我们吗？"

主人当然认识它们呀！人们早就知道燕子有千里迢迢飞回来，寻找旧巢的习惯。古时候，人们把黑色的小燕子叫作元鸟。春秋时期的《礼记》里，就明明白白记述着"元鸟归"的句子，表明早在那个时候，人们就知道燕子是飞来飞去的候鸟了。

北宋宰相诗人晏殊在一首《浣溪沙》中写道："无可奈何花落去，似曾相识燕归来。"好一个无可奈何花落去，点明了燕子归来的时间是春天快要结束的落花季节。好一个似曾相识燕归来，说的就是去年来过的老燕子，现在又飞回来了，十分准确地找到了从前住过的地方。另外，元代诗人刘秉忠写过"衔泥旧燕垒新巢"，说明燕子飞回来重新修补旧巢的情况。

为什么燕子每年总要飞来飞去呢？主要是气候环境的影响。

一阵秋风一阵凉。秋季冷空气南下的时候，北方首当其冲。对燕子来说，不仅是因为天气逐渐变冷，还因为气候变化，作为食料的小虫子也一天天少了。本来在这里住得好好的燕子，只好告别旧巢，成群结队向温暖的南方飞去，一直飞到暖和的南海边，度过漫长的冬天。

等到春暖花开的时候，不仅大地回春，气候变暖，更重要的是在暖和的季节里，许多昆虫大量繁殖，给燕子提供了丰富的食料。一群群燕子又飞回北方，在老地方营巢繁殖。燕子是名副其实的候鸟，每年这样飞来飞去，与其说是气候冷暖的单纯原因，还不如说它们是追逐食物的天空游牧者。

谁在"布谷、布谷"叫

传说三千多年前,从西边大山里迁来的古代蜀族,居住在成都平原上。那时候,气候变化无常,洪水经常泛滥,淹没了房屋和田地,人们没法过日子。他们的首领名叫杜宇,人们称他为"望帝"。他对老百姓非常仁慈,却没有办法治住滔滔洪水,眼看老百姓受苦,心里十分苦恼。

正在这个时候,出了一件怪事,河里漂浮着一具尸体,从下游逆水漂到上游,一直漂到这个地方。说也奇怪,这具尸体漂到这里,忽然一下子复活了。他的名字叫鳖灵,又叫开明。杜宇觉得非常稀奇,就让他做宰相,帮助自己治理国家。鳖灵懂得一些水利知识,带领大家疏通了洪水,人们又可以放下心来安家乐业了。鳖灵的功劳很大,杜宇觉得自己比不上他,就把部落首领的位子让给他,自己一个人悄悄回到西山里的老家，过起了隐居的生活。后来鳖灵把国家治理得井井有条，人们尊称他为"丛帝"。今天在成都西边的郫县，还留有一座望丛祠，专门用来祭祀望帝和丛帝。

仁慈的杜宇走了，老百姓非常想念他，他也忘不了老百姓。每到春天来临的时候，他就变成一只杜鹃鸟，从山里飞回来，飞在田野上，一声声"布谷、布谷"地啼叫，提醒大家应该播种了。古诗"望帝春心托杜鹃"，说的就是这回事。

布谷，布谷……

春天来了，布谷鸟又叫了。

布谷，布谷……

布谷鸟在叫什么？声音活灵活现的，是在提醒人们赶快布谷下种呀。

啊，可爱的布谷鸟，是农民伯伯的好帮手，没有一个人不喜欢它。

布谷鸟是它真正的名字吗?

不,它的大名叫作杜鹃,全世界到处都有它的影子,尤其在我国南方和亚洲热带地区最多。它好像害羞似的,喜欢躲藏在树林和灌木丛里,常常只听见它的声音,却看不见它的身影,显得有些神秘兮兮的。

杜鹃鸟是什么样子?

杜鹃鸟有许多种类,常见的一种个儿比鸽子小些,背上是暗灰色,肚皮上布满了黑褐色的条纹;也有的杜鹃鸟是明亮的鲜绿色,隐藏在树丛中很不容易被发现;还有的热带杜鹃鸟的背上和翅膀上蓝艳艳的,映照在热带阳光下,飞起来特别显眼。

杜鹃鸟啼叫的时候,正是杜鹃花漫山遍野开放的季节。人们瞧见杜鹃鸟嘴上有红色斑点,认为那是它苦苦啼叫,咳出了血,留下的印迹。红艳艳的杜鹃花是杜鹃鸟咳出的血滴落花上而染红的,所以有"杜鹃啼处血成花"的说法。

布谷,布谷……

它还在不停地一声声叫。

它的叫声听起来又像是在向人们呼叫:"不如归去,不如归去。"劝告远方的游子,赶快回家去,所以它又得到"子规"的名字。北宋范仲淹有一首诗:"夜入翠烟啼,昼寻芳树飞。春山无限好,犹道不如归。"说的就是这个意思。

杜鹃鸟是一种专门吃虫的益鸟,特别喜欢吃松毛虫。松毛虫专门啃松树,不是好东西。它又难看、又难吃,别的鸟儿都不喜欢吃。

杜鹃鸟却偏偏喜欢吃这种害虫。有人细心统计过，一只杜鹃鸟每小时能吃100多条松毛虫，一天能吃一大堆。加上它还吃别的害虫，所以说杜鹃鸟是果园和松林的忠诚卫士。

唉，杜鹃鸟什么都好，就是不会安排自己的生活。除了少数地栖杜鹃鸟，大多数杜鹃鸟都不会做窝，也不会孵蛋。它们总是悄悄把蛋生在别的鸟儿的窝里，让别人给它孵蛋。使人生气的是，孵化出来的小杜鹃鸟非常霸道，常常把窝里别的小鸟挤走，自己霸占别人的窝，这就太不光彩了。

"树医生"治病记

大树爷爷病了,病得可不轻呢。你看,它的树叶一片片枯黄,树枝低低垂落下来,没有一点儿力气。现在的天气还暖和呢,它怎么变成了这副模样?和周围绿油油的树木相比,它更加显出一副生了大病的样子。

呜、呜……一阵风吹来,大树不住晃动着,似乎马上就要被风刮倒似的。

眼看它的身体一天不如一天,住在树上的动物们有些急了。

在树顶枝丫上搭窝的喜鹊大婶说:"我刚刚生了蛋,小宝宝还没有孵化出来。万一大树有个三长两短,我岂不是窝垮蛋打了吗?"

一股匆匆忙忙过路的风听见了,对它说:"你可不要在一棵树上等死,赶快拍拍翅膀搬家吧。"

喜鹊大婶叹一口气说:"唉,你说得容易。我一拍翅膀飞了,我的宝贝儿怎么办?"

藏在树洞里的鼯鼠说:"这是不折不扣的'危房'呀。我可不愿意冒险在这儿再住下去了。"说着,它就张开前肢和后肢中间薄薄的皮膜,呼地一下就滑翔到旁边一棵树上了。

它溜了,撇下喜鹊大婶怎么办?

不一会儿又吹来一股风,绕着大树上上下下看了一遍,安慰喜鹊大婶说:"别急,我看这棵大树一下子还不会死,只是病得够呛。我请一位树医生来瞧一下,没准儿能治好呢。"

它说的树医生是谁? 原来是一只啄木鸟。

啄木鸟仔细检查一遍说:"没啥,我能治好大树爷爷的病。"

啄木鸟怎么给大树爷爷治病呢? 只见它趴在树上,伸出尖尖的嘴,"笃笃、笃笃"一阵啄,不时地叼出一条条害虫。大树爷爷的身子不再痒痒的,觉得舒服多了。啄木鸟每天来给大树爷爷治病,不知杀死了多少害虫。大树爷爷的病终于好了，树叶不再发黄，树身也不再摇摇晃晃了，喜鹊大婶也不用搬家了。

笃笃、笃笃……

听啊，森林里传来一阵阵奇怪的声音，好像有谁不停地敲打着木头。

这是"树医生"啄木鸟在给树治病呢。

啄木鸟怎么治病？

这还不简单嘛。它是"外科大夫"，只要把钻进树里的害虫一只只叼出来，就治好了树的病。

狡猾的害虫躲在树皮下面，啄木鸟怎么能抓着呢？

放心吧，啄木鸟很有经验，也很有耐心。它停在树上，首先给这棵树来一次全身检查。它绕着树身盘旋着慢慢往上爬，边细心观察、边伸出又尖又硬的嘴在树上敲敲打打，这样就能发现暗藏的害虫了。

啄木鸟发现了害虫怎么办？

这太简单了。它只消用力把树皮啄开，伸出带黏液的长舌头，呼地一下就能够黏住害虫，害虫一个也别想溜掉。

对付藏得很深的害虫，啄木鸟也有独特的办法。它的舌头尖上有倒钩，不管害虫藏在哪儿，它都能十拿九稳地抓住。

啄木鸟攀在树上，不会掉下来吗？

不会的。它不仅爪子锋利，而且脚趾很特别，四根脚趾中，两根朝前，两根朝后，好像一把铁钳子，紧紧抓住树身，加上支撑在树干上的尾羽能起支架作用，保证不会一个跟斗跌下来。

啄木鸟老是"笃笃笃"不停地捣鼓着，啄得又快又狠。有人计算过，它的啄木速度可以高达每小时1980千米，每秒可以啄15—16次。这样高的啄木速度和频率会不会把脑袋弄得发晕？

不会的。啄木鸟的脑袋里面有一套天然的防震装置，骨质像海绵一样疏松，外脑膜和脑髓中间还有一些儿缝隙，可以减轻震动的影响，保证不会因此而发生脑震荡。

给乌鸦评功摆好

请听,这是一个老掉牙的乌鸦和狐狸的故事。

传说有一天狐狸走进森林,瞧见乌鸦衔了一根肉骨头站在高高的树枝上。它眼巴巴望着那根肉骨头,想吃,又吃不着。狡猾的狐狸眼睛骨碌碌一转,就想了一个诡计,笑眯眯地对乌鸦说:"乌鸦先生,你的歌声美极了。请你唱一支歌给我听,好吗?"

乌鸦的叫声难听得要命,从来也没有人说它唱得好,听见狐狸赞美它,心里乐滋滋的,想道:"这才是懂得音乐的知音呀!"

它心里一高兴,就张开嘴巴"哇、哇、哇"唱了起来。

啊呀!不好了。它刚刚张开嘴巴,嘴里的肉骨头就一骨碌掉了下去。狐狸等的就是这个时候,它捡起肉骨头得意扬扬地转身走了。乌鸦低头一看,它的"知音"早就不见了影子,肉骨头也没有了,气得哇哇大叫!

乌鸦真的这样笨吗？才不是呢。生活中的乌鸦非常聪明，请再听一个乌鸦的故事吧。

据说，狐狸占了乌鸦的便宜，为了表示歉意，就请它来吃东西。

吃什么东西呢？狡猾的狐狸在瓶子里灌了一点儿水，它装得非常客气，笑眯眯地对乌鸦说："不要客气，请多喝一点吧。"

乌鸦把短短的嘴壳伸进瓶口，说什么也够不着瓶底的水，心里想："哼，你这个坏东西，又来捉弄我了。"

乌鸦真的喝不到水吗？才不是呢。

乌鸦拍了拍翅膀飞走衔了一颗小石子丢进瓶子，一次次飞去又飞回来，衔了一颗又一颗石子丢进瓶子。瓶里的石子多了，水就慢慢升上来，乌鸦美美地喝了个饱。

乌鸦才不是傻瓜呢!

乌鸦一点也不笨。有人发现，经过训练的乌鸦，居然能够像鹦鹉一样说话。马戏团的乌鸦，会做算术题，能数到3或4，还会在有记

号的盒子里找东西吃呢。乌鸦因为非常聪明,也成了人们心爱的一种另类宠物。

因为乌鸦是黑的,所以人们常常说"天下乌鸦一般黑",非常讨厌难看的乌鸦。其实这句话很不全面,乌鸦并不都是黑的,世界上也有"花乌鸦"。

乌鸦的种类很多,全世界到处都有,咱们中国就有7种,有秃鼻乌鸦、大嘴乌鸦、渡鸦、寒鸦、白颈鸦等种类。白颈鸦的脖子是白的,好像戴了一条白围巾。寒鸦除了"白围巾",还有一个"白肚兜"呢。由于受"天下乌鸦一般黑"的影响,猛一看,有些人会把它们当成喜鹊。

乌鸦的样子虽然不好看,它的蛋却很好看。乌鸦蛋是绿的,上面布满了深色的斑点,比鸡蛋、鸭蛋好看得多。

有的乌鸦和燕子、大雁一样,随着季节的变化飞来飞去,也是候鸟。有的乌鸦总是生活在一个地方，是留鸟。

人们讨厌乌鸦，还因为它们偷吃粮食。加上它一身黑，"哇哇哇"的叫声特别难听，就把它当作是害鸟。迷信的人还认为瞧见乌鸦会带来晦气，把它当成是不吉利的东西。

唉，这真冤枉了乌鸦。虽然乌鸦也吃一些粮食，吃得最多的却是害虫和腐烂的东西。它吃地老鼠、蝗虫、蝼蛄、金龟甲，还有飞蛾的幼虫，吃的害虫可不少。它还吃腐烂的动物尸体，常常在垃圾堆里捡东西吃，是不领工资的清洁工。说它是环境义务保护者，一点也不过分。人也很难做到十全十美，何况一只鸟。乌鸦的益处比坏处多得多，是益鸟，不是害鸟，更加不是什么会带来晦气的丧门星。

有一只狼吃东西时,不小心吞了一小块骨头,吐不出来,也吞不下去,卡在喉咙里疼得要命。

狼实在受不了啦,可怜巴巴地求大家:"我快要死了,帮帮我吧。"

有人问它:"帮助了你,你怎么感谢呀?"

狼说:"只要帮我弄出这块该死的骨头,叫我给什么东西都愿意。"

狼说了这番话,谁也不信它。哼,狼就是狼,也会落到今天呀,就叫它慢慢疼着吧,最好疼死了才好呢。话又说回来了,那块骨头卡得那样深,就算谁真的想帮助它,也弄不出来呀。

大家都不管可怜的狼。鹭鸶有些不忍心,拍了拍翅膀飞过来,问狼:"如果我帮你取出骨头,你说的话真的能兑现吗?"

狼好不容易得到一个救星,生怕它不愿意帮自己,连忙说:"好心的朋友呀,赶快帮我一把吧,难道你还不相信我的话?"

鹭鸶相信了狼的话,不慌不忙地把长长的嘴壳伸进狼的喉咙,轻轻一夹,就把那块骨头夹出来了。

狼觉得舒服了,站起来就要走。

鹭鸶问它:"喂,你答应给我的东西,还没有给我呢。"

狼露出白森森的牙齿说:"你能从狼嘴巴里平安无事地收回脑袋,不就是最好的报酬吗?"

鹭鸶又叫白鹭,是一种美丽的水鸟。

瞧呀,它的两条腿又细又长,身子非常瘦削,浑身披着洁白的羽毛,脑袋后面还拖着几根长长的丝状羽毛,随风飘扬,显得十分高雅。它常常踩着浅浅的水,在小溪流、沼泽或湖边慢慢踱着步子,活像一位隐士在思考着什么高深的人生哲理，使人产生深深的敬意。因为它老是在水里走来走去，所以人们把它归为涉鸟一类。

鹭鸶飞行的姿态很优美，总是不费力气似的轻轻拍着宽大的翅膀，沿着静静的山谷和开阔的水面，无声无息地在低低的空中飞翔，与别的喜欢吼吼喳喳的鸟儿不一样。

有时候，鹭鸶喜欢摆出金鸡独立的姿势，用一只脚站在水里不动，一站就是老半天，在清晨和傍晚的雾气里留下模模糊糊的剪影。使人怀疑，它是不是一根插在水里的树枝？

为什么鹭鸶站在那儿不动呢？

它在打瞌睡吗？睡着了，不怕跌跤吗？

不，它在耐心等着抓鱼儿吃。它从上向下看，清清浅浅的水被看得一清二楚。有鱼儿游过来，它就弯下脖子，伸出长长的嘴壳，一下子就抓住了。就算鱼儿想逃跑，它也会迈开步子，踩着水大步赶上去。不管什么鱼儿，只要被它看着了，就别想溜掉。

鹭鸶除了吃鱼，还喜欢吃河蚌。

河蚌紧紧闭着蚌壳，鹭鸶怎么吃它呢？

聪明的鹭鸶可有办法了。它叼起河蚌使劲往石头上甩，直到河蚌被震开，再慢慢地吃鲜嫩的蚌肉。

鹭鸶看起来这样高雅，人们会想，它的窝一定非常漂亮吧！才不是呢。鹭鸶的窝一点也不讲究，在偏僻的水边草地上、密密的芦苇丛中，或者高高的树枝上，随随便便搭一个可以趴下来休息的窝它就心满意足了。许多有学问的高人雅士，也是这样不拘生活小节的。鹭鹭看起来真的有些像不食人间烟火的隐士呢。

鹭鸶的种类很多，我国有黄嘴白鹭、岩石鹭、白琵鹭、黑脸琵鹭等，全都是国家保护动物。非洲有一种白身黄足的牛背鹭鸶，个儿又矮又小，喜欢栖息在地面上，与吃草的家畜和野生动物做伴，抓被这些动物惊起来的昆虫吃；还喜欢蹲在牛背上，啄牛身上的寄生虫吃，是牛的好伙伴。

"东方宝石"朱鹮

民航飞机高高竖起的尾巴上，总是画着一个标志航空公司的图案。日本航空公司的标志是一只高高扬起翅膀的朱鹮图案。

朱鹮是一种美丽的鸟儿，从前在中国、朝鲜、日本和西伯利亚都有分布，被称为"东方宝石"。我国人民把它当作吉祥的象征，把它称为"吉祥之鸟"，日本人叫它"仙女鸟"。20世纪30年代，一位德国鸟类学家在日本瞧见这种西方人没有见过的鸟儿，就给它取了一个拉丁文名字，就叫作"日本鸟"。难怪日本要把它当作"国鸟"，画在民航飞机的尾巴上呢。

日本虽然把朱鹮当成"国鸟"，却并不爱护它。为了发动侵略战争，在日本本土和朝鲜半岛乱砍森林，破坏了朱鹮的生活环境，朱鹮很快就变成了稀有种类。根据调查统计，1930年左右日本大约还有

40只朱鹮分布在佐渡岛和能登半岛等地，到了1961年只剩下10只，1981年一只野生的朱鹮也没有了。2003年10月10日，动物园里最后一只人工饲养的朱鹮也死了，日本朱鹮绝灭得干干净净。朝鲜半岛和西伯利亚也找不到一只朱鹮，难道这种美丽的鸟儿真的绝迹了吗？

世界上的鸟类学家都急了，只有把最后的希望寄托在中国身上。在爱好和平的中国土地上，能不能找到野生朱鹮的影子呢？

在中国，1930年左右朱鹮曾经广泛分布在东北、华北、西北、华东的14个省，经过战争破坏，也越来越少了。现在是不是还有它的踪迹，谁也说不清。

寻找朱鹮的任务，落在中国科学家的身上。1978年国务院环境保护领导小组和林业部决定寻找朱鹮，他们组织了一个朱鹮科学考察小组进行调查。科学家们用了整整3年时间，走了5万多千米，走遍了南方和北方终于得到两条重要线索。陕西洋县一个农民报告，亲眼瞧见朱鹮的影子。甘肃徽县一个猎人，找到了一根朱鹮羽毛。这就可以把朱鹮的活动地区勾画在秦岭山中，大大地缩小了搜索范围。

1981年5月21日，人们终于发现一个鸟窝和一对朱鹮，过了6天，又找到一对朱鹮和3只雏鸟。中国陕西洋县发现7只野生朱鹮的新闻，一下子就轰动了全世界。

朱鹮又名红鹤、朱鹭、红脸鹤,是有名的吉祥之鸟。

朱鹮是什么样子呢?它是红的吗?

不,远远一看,它似乎和白鹭、白鹤一样,周身披着雪白的羽毛。可是走近一看,却发现它的身上微微有一些儿发红,好像是一只粉红色的鸟儿。

为什么朱鹮是这个样子呢?因为它的脸颊上裸露的皮肤是红色的,好像抹了胭脂似的。它的肚皮和尾巴也有一些儿发红,加上两条腿和脚爪都是鲜艳的朱红色,所以它看起来就像是粉红色了。

再仔细一看,朱鹮和白鹭、白鹤又有些不一样。它的嘴壳是黑的,又细又长,有一点儿向下弯曲,好像是一个爱打扮的时髦姑娘,嘴尖和嘴根都是红艳艳的,好像抹了口红似的。它的后脑勺和脖子后面还有几十根又细又长的羽毛,好像细细的柳叶随风轻轻摇晃着,又潇洒,又好看。

朱鹮的生活习惯和白鹭、白鹤一样,也生活在安静的水边,特别喜欢在山溪和水稻田里踩着浅浅的水，在水里找小鱼和水生昆虫吃，也是长脚的涉禽。

朱鹮体态非常优美，动作十分优雅，性情特别温驯，难怪人们这样喜欢它。它和大熊猫一样是珍贵的保护动物，受到国家重视，在发现它的地方建立了朱鹮自然保护区。由于人们认真保护，到1985年5月，洋县已经有了17只朱鹮，到1989年3月，发展到40多只了。

南飞的大雁

秋风起了，一群群大雁嘎嘎咕咕叫着，拍打着翅膀飞起来，朝着遥远的南方飞去。

古时候人们传说，大雁飞的时候，嘴巴里常常衔一根短短的芦苇，或者衔一根树枝，然后才张开翅膀飞上天，开始空中万里长征。

飞就飞呗，为什么要衔一根芦苇或树枝呢？是怀念生活了好几个月的北方，带一个纪念品吗？当然不是的。大雁不是旅游归来的游客，才没有这个想法呢。

飞那样远的路，身上多带一点儿东西也是麻烦。大雁不是傻瓜，才不会干这种傻事呢。

有人猜想，没准儿这是一种防身武器。一路上情况凶险，到处都有不怀好意的猎人，芦苇或树枝是用来遮挡猎人射来的箭吧。还有人猜想，芦苇或树枝是用来借助风力平衡身体的。

日本也有一个类似的传说，认为从大陆飞来的大雁过海的时候，如果疲倦了，就把嘴里衔的树枝丢下海，站在上面休息一会儿。当它们过了大海，飞到日本，再也用不着树枝了，就统统丢下来。人们恭恭敬敬拾起来，把这些从遥远的大陆带来的树枝作为燃料，烧一大桶洗澡水。据说这些树枝沾了大陆和大雁的气息，用这样的水洗澡，能健康长寿。

大雁是有名的候鸟，每年春天从南方飞来，秋天又成群结队飞回温暖的南方过冬。

大雁的个儿很大，猛一看，好像一只鹅，所以古时候有人把它叫作雁鹅、野鹅。它还有一个名字叫鸿雁。

虽然大雁外表有一些儿像鹅，生活习惯却与鹅完全不一样。鹅只会昂着脖子，自以为了不起地在院子里摇摇摆摆走来走去。它怎么比得上大雁能够飞过千山万水呢？大雁是名副其实的天空长途旅行家。一个没有见过世面，骄傲得不知道自己是谁；一个见识过广阔的世界，反倒显得非常谦虚。

大雁和天鹅也不一样。天鹅全身雪白，嘴壳是黄的；大雁披着灰褐色的羽毛，只有肚皮才有一片白，嘴壳是黑的。大雁没有天鹅美丽，却比天鹅踏实。像大雁一样的鸟儿和人，都讨人喜欢。

大雁在南方住得好好的，万里迢迢飞到北方来干什么？

它们和其他候鸟一样，到北方来产卵、孵化孩子呀。为了下一代，它们不怕辛苦、不怕危险，从大老远飞来，真不简单呀！

为什么说大雁从南方飞到北方，又从北方飞到南方很不简单？

因为长途飞行非常疲劳，没有足够的体力可不行。

因为沿途的地形非常复杂，很容易迷路，没有足够的经验可不行。

还因为一路上有许多危险，有凶狠的老鹰、贪心的猎人，弄得不好就会丢掉性命，没有勇气可不行。

为了带好队伍长途飞行，没有很好的纪律可不行，还得有一只很强壮、很勇敢、很有经验的头才行。

大雁飞的时候，不像叽叽喳喳的麻雀一窝蜂似的乱飞。它们整整齐齐排好队形，有时排成人字形，有时排成一字形，不管飞多远，也不会乱。一只老公雁飞在最前面，带领着整个队伍往前飞。

老公雁经验非常丰富，看着下面熟悉的山山水水，选择最近最安全的路线，绝对不会迷路。如果远远瞧见了危险，它就会嘎咕嘎咕叫着，提醒大家注意，带领队伍绕过去，不会昏头昏脑硬往上撞。

从北方到南方很远很远，得飞很多天才行。大雁白天飞了整整一天，晚上累了，飞下来休息，不会遇到危险吗？

放心吧。带队的老公雁有办法，它们总是选择在没有人的安全地方休息，常常停在水中央的沙洲上，如果四周有密密的芦苇林遮掩，那就更好啦。晚上大家睡觉的时候，还会专门安排一个守夜的"哨兵"，如果发现敌人悄悄走来，立刻就会大声叫起来。这时所有的大雁都醒了，拍着翅膀飞起来，让凶恶的敌人扑个空。

大雁在北方生了孩子，拖家带口长途飞行，行吗？

放心吧，它们会把孩子带得好好的。再说，小孩子也得要锻炼。不经过磨炼的孩子，怎么能够成长起来呢？

为了带好孩子长途飞行，大雁总是把它们夹在队伍中间，紧紧跟随着自己的妈妈。如果孩子不会飞，妈妈就会给它做示范，教它怎样拍翅膀。如果飞累了，妈妈会用翅膀尖儿轻轻抬它一下，这样它就能接着往前飞啦。

说话的鹦鹉

鹦鹉说话的故事可多啦。

经过训练的鹦鹉能够向人们问好,客人离开的时候会说:"再见!"

只会说"你好""再见",算得了什么?不过是小菜一碟。有的鹦鹉似乎更聪明,懂得更多的东西,会在不同的场合,说不同的话。

成都青石桥的花鸟市场里有许多鹦鹉,有的早就练好了说话的本领,等着客人来买回家。其中一只鹦鹉明星最了不起,不是机械地背诵句子,好像还懂得更多的东西呢。它能够分出谁对它好,谁对它不好。如果谁对它好,它就会高高兴兴冲着他大声问候:"你好!"谁对它不好,它就会生气地说:"讨厌!"如果有人故意装作很生气,举起手要打它,它就大声喊道:"不要打!不要打!"

瞧呀，这只鹦鹉仿佛能通人性，会在不同的场合，说不同的话呢。

这还算不了什么，有的鹦鹉更加聪明。据说，厄瓜多尔有一位市长，为了对付多嘴多舌的记者，专门训练了一只会说话的鹦鹉。如果他在记者招待会上，遇到一些不好回答的问题，就闭着嘴巴不说话，让旁边的鹦鹉一本正经帮他说："无可奉告。"要不，就冲着提问的记者说："你的问题很无聊，我不想回答。"逗得大家哈哈大笑，市长就这样轻轻松松过关了。

鹦鹉真的会说话吗？不，它当然不会。

说话得要通过大脑，想清楚了才能说出来。鹦鹉说话可没有通过大脑，只不过是简单地模仿人们说话的声音罢了。

为什么鹦鹉可以模仿人们说话？有几个原因。

第一个原因，它有很强的模仿力，特别喜欢模仿别人说话的声音。

第二个原因，它的记忆力特别好，听见什么感兴趣的声音就能牢牢记住，再也不会忘记。

第三个原因，和它的舌头有关系。它的舌头和别的鸟儿不同，又尖又细，非常灵活柔软，可以发出许多简单的音节，如发出"叽里呱啦"的声音，一点问题也没有。

鹦鹉不仅能模仿人们说话，也会模仿别的动物"说话"。据说，有一只鹦鹉天天和一只小狗关在屋子里。主人早上出去，晚上才回来，它非常寂寞，只有这只小狗陪伴着它。每天听惯了小狗"汪汪"叫，它也学会了"汪汪"的狗叫声。外面的人听见了，还以为屋子里有两只小狗呢。

说到这里，我们就知道怎样教鹦鹉说话了。

鹦鹉毕竟只是一只鸟儿，别以为它能像学生学习英语一样，一听老师讲，就能跟着"古德摩尔林（GOOD MORNING）""OK"说起来。它可没有经过大脑，只是机械地记忆，得要耐心地反复不停地教它一句话，它才能慢慢记住。如果你教累了，就放录音给它听吧。

你第一次教它，没准儿它只是瞪着眼睛望着你，一点反应也没有，教十次八次可能也一样，会气得你跳起来，大骂这只鹦鹉是笨蛋。

说不定你正气呼呼大声骂它这一句时，它反倒一下子记住了，会立刻回敬你一句："笨蛋！"

唉，到底它笨，还是你笨？弄得你又好气又好笑。

噢，笨蛋鹦鹉似乎还挺幽默呢。

话说到这里，你该懂得教鹦鹉说话的秘诀了。

教鹦鹉说话的秘诀就是不能贪多，得要一个字、一个字，一句话、一句话地教它。只能教它简单的句子，太长、太复杂的句子可不行。经过长期"上课"，鹦鹉就能学会说一些简短的话了。

偷吃羊肉的大熊猫

奇怪，真奇怪，山里出了一件怪事啦。

2005年9月5日晚上9点钟左右，四川省绵阳市小寨子沟自然保护区里，一个名叫胡清平的村民出来上厕所，忽然听见猪圈里有声音。他觉得非常奇怪，这么晚了，谁钻进猪圈干啥？是不是有小偷？他连忙拿了手电筒来查看。不看不知道，一看吓一跳，想不到竟是一只胖乎乎的大熊猫，正在猪圈里慢悠悠地散步呢。

大熊猫是国家一级保护动物，他可不敢打它，只好任由它在猪圈里到处乱转。到了半夜11点多，忽然听见大门外面响起了"咚咚"的敲门声，一家人吓得不敢去开门，全家提心吊胆地过了一夜。

第二天早上，他大着胆子到屋里屋外仔细检查。这才发现家里的两桶蜂蜜被掀翻了，桶里的蜂蜜被吃得精光，准是那只大熊猫干的好事。这已经是大熊猫第二次光顾他家了，上次还把他家的猪骨头偷吃了不少呢。

他的运气还算好的。四川西北一个小山村里，曾经有一只大熊猫钻进羊圈，咬死一只羊，吃了羊肉，躺在羊圈里呼呼大睡。人们发现它的时候，瞧见它的嘴巴和爪子上全都是血迹，铁证如山，这件事不是它干的，还会是谁干的？

吃羊肉还不算什么，2005年8月13日上午10点45分，在卧龙自然保护区里发生了一件惊心动魄的事情。那一天，有几个记者前来看大熊猫。一个女记者越看越喜欢，她兴致勃勃翻过栏杆，跑进去抱着一只大熊猫，想合拍一张照片作纪念。那只大熊猫正在吃竹子，一下子受了惊吓，转过身就一口死死咬住她的左胳膊不放，疼得她大喊大叫，旁边的人连忙跳进来救她，好不容易才让大熊猫松了口。人们赶快把她送到几十千米外的县城医院抢救，虽然止住了血，生命没有危险，但要恢复健康，还得好好休养一些日子。

啊，大熊猫做了这样多血淋淋的"案件"，真奇怪呀！

为什么大熊猫吃羊肉，还咬人呢？它不是吃素的"和尚"，是鲁智深那样也吃肉的花和尚。一件件公案投诉到专门研究大熊猫的科学家面前。科学家说，道理很简单，因为大熊猫的祖先吃素也吃肉，是一种杂食性动物。你看它嘴巴里锋利的犬齿，就是用来撕咬肉的。大熊猫吃肉一点也不奇怪，这是一种特殊的返祖现象。

从这一大堆例子中，人们一定要记住教训。别瞧大熊猫傻乎乎的那样可爱，如果发起脾气，或者换了胃口想吃肉了，它可不是好惹的。不管大熊猫多么可爱，千万别和它亲密接触。你想拥抱大熊猫，到百货公司买一只绒毛大熊猫玩具，随便你怎么抱着玩。

谁都知道大熊猫是活化石。在几万年前到几十万年前的第四纪更新世期间，北半球的旧大陆上到处都有大熊猫。在我国的大部分地区，它常常和东方剑齿象、剑齿虎等共同生活在一起，组成有名的"大熊猫—剑齿象动物群"。后来由于气候环境变化，别的动物一个个消失了，只留下了大熊猫，它们迁进四川西北部、陕西和甘肃南部一些山区里，在海拔1500—3500米的高山深谷茂密的竹林里生活。它们受环境变化的影响，食谱也逐渐改变了，从吃素也吃荤渐渐变成主要吃箭竹的"和尚"了。

其实，就在这个时候，大熊猫也没有完全改变吃东西的习惯。它们除了吃箭竹，偶尔也会吃野果子和别的植物，包括无芒小麦、玉米、木贼、青茅、多孔蕈、野当归、羌活、幼杉树皮等好几十种。它肚子饿了，或者在什么说不清、道不明的时候，还捡食动物尸体，或者抓地老鼠和别的小动物吃。请你牢牢记住，大熊猫才不是完全吃素的

"和尚"呢。

　　大熊猫也不是懦弱无能的软骨头,它的力气大得惊人,遇到金钱豹也不怕,如果和金钱豹交起手来,谁输谁赢还说不定呢。

河狸建筑师

河狸是国家一级保护动物。我国仅在新疆最北部的一个角落里,有一个小小的布尔根河狸自然保护区。不消说,河狸十分珍贵,需要特别爱护。

为什么说这个保护区是"小小的"?因为河狸和别的动物不同,它们生活在河里,不是大面积分布的动物。这个保护区从上游到下游,沿着河道的直线距离只有50千米,实际曲线长度也不过75千米,和别的动物保护区相比,的确是小得可怜。

一位工作人员说,他刚生下来不久,就跟随父母来到这里,居住在这条河狸的母亲河旁边。在他懂事的时候,记忆中的环境和现在完全不一样。那时候,到处林木茂密,山清水秀,牛羊稀少,只有三四个很小的生产队,居民只有几百人。在这样和谐的环境里,有很多河狸，每年还有南来北往的天鹅、黑鹳、中华秋沙鸭，加上当地特有的石鸡、金雕，这里是野生动物的天堂。

想不到的是，随着时间一年年过去，保护区里的人口越来越多，现在已经将近500户4000人了，马、牛、羊、骆驼等牲口也迅速增长，严重破坏了保护区里的自然环境。1989年，布尔根塔克什肯口岸开放后，流动人员最多有上万人，保护区的管理难度更大了。

自然环境越来越恶劣，加上人们居住和放牧面积不断扩大，严重威胁了河狸的生存。根据调查，在这个保护区里，1985年河狸有33窝，每窝6-8只；1999年，只剩下25窝了，每窝只有2-4只；现在又少了几窝，河狸数量越来越少了。

布尔根河道不仅是河狸之家，黄金资源也很丰富。一些人开始动了歪脑筋，打算顺着河流开采黄金。如果这个计划实现，河狸就完全失去了居住的空间，将会在我国境内绝迹。

这位河狸保护工作人员十分痛心地呼吁，为了保护这种珍贵的动物，在保护区内应该停止一切不利于河狸生存的活动，应该认真恢复和谐的自然环境，挽救河狸的命运，保护它们最后的家园。

河狸又叫海狸，生活在森林地区的水边。它的模样和生活习惯有些像水獭，尾巴又扁又平，脚趾中间有可以划水的蹼。它们都是半水栖的哺乳动物，是游泳的好手。

它们的差别很大。水獭身上长满又软又密的毛；河狸身上没有毛，却有鱼一样的鳞片。水獭吃鱼，也吃青蛙、螃蟹和一些水鸟；河狸可是吃素的，只吃树皮和青草。水獭分布很广，我国南方和北方都有它的踪迹；河狸却是寒带和亚寒带的动物，主要分布在西伯利亚、加拿大和美国北部，我国只有新疆和内蒙古北部才有它的身影。

河狸和水獭相比，更加重要的是河狸聪明得多，能够自己在水边建造非常巧妙的水陆两用"楼房"，是了不起的建筑师。

什么是水陆两用"楼房"？就是一半在水里、一半在水上的"房子"。

河狸的爪子特别锋利，先在岸边挖一个洞，洞上面再用树干和树枝盖一个小"房子"，就是一个非常完美的"楼房"了。

森林里的敌人很多，为了防备敌人发现它的洞穴，河狸还要好好伪装一下它的"楼房"。最好的伪装就是不让别人看见。为了防备水位下降而暴露下面的洞口，它用锋利的牙齿咬断一些小树拖进河里，再找来一些石头、泥土、树枝、树叶填在树干中间，用扁平的尾巴拍紧，就能修起一道堤坝，保证水下的洞口不被敌人发现。

这个水陆两用"楼房"真好。如果敌人从上面来，它就可以从下面水里逃跑；如果敌人从水里来，它就可以从上面岸上逃跑。

别瞧河狸在陆地上行动又缓慢又笨，但它的身体外形好像鱼雷，脚趾中间的蹼能够像鸭子一样划水，只要一头扎进水里，就别想抓住它了。

忠诚的空中信使

在《圣经·创世纪》里有这样一个故事。据说，上帝耶和华造人后，瞧见人类带来了越来越多的罪恶，他非常后悔造出这些恶人，决定用一场洪水把他们消灭掉，只留下一个叫诺亚的好人。上帝亲自告诉这个善良的人，叫他赶快造一只大船，带着全家和各种动物避难。

诺亚听了上帝的指示，立刻动手造了一只巨大的方舟。这只船分上、中、下三层，可以装下各种各样的动物，他们静静等待着灾难来临。

七天后，地上的泉水全都冒出来，天上的窗户也敞开了，整整下了40个昼夜的大雨，洪水到处汪滥，淹没了大地上的高山。来不及逃跑的恶人被淹死得干干净净，只有诺亚的方舟随波漂流，一直漂到唯一露出水面的阿拉拉特山顶上。150天后，洪水才渐渐消退，露出了别的山尖。

这时候，诺亚困在方舟里，一点也不知道外面的情形。他打开窗户，放出一只乌鸦。乌鸦在天上飞来飞去，但没有飞回来。他又放出一只鸽子去试探，鸽子找不到落脚的地方，只好又飞回来。又等了七天，他再放出鸽子。晚上鸽子叼着一枝橄榄叶飞回来，诺亚才知道洪水已经退了，于是他带领全家和所有的动物下船，重新繁殖人类，揭开创世初期另一页新的历史。

这个故事当然不是真的，可是却说明了早在遥远的古代，人们就知道鸽子有飞出去再飞回来的本领，可以利用它传递消息。

鸽子和别的鸟儿相比，翅膀比较短，但是它的胸肌非常发达，飞翔的本领一点也不比别的鸟儿差。两只短短的脚也很强健有力，能够在地上快步行走，和那些只能在地上蹦蹦跳跳的鸟儿比起来，鸽子走路的能力强多了。

人们饲养的鸽子原本是野生的原鸽，它们住在悬崖陡壁的岩石缝隙里，成群结队活动，吃野生的果子、植物种子，也飞到田里吃谷子和麦粒，叫作岩鸽。经过人们驯化后，这种鸽子保留了群体活动的生活习惯，总是在饲养的地方附近成群飞行，成为人们喜爱的家养动物。

鸽子的长途飞行和记忆能力都很强，能够飞过千山万水，准确地飞回原地，找到自己的住所。所以人们专门训练了一些信鸽，用来传递书信，还举办信鸽长途飞行比赛，选出最优秀的信鸽。战争时期，勇敢的信鸽穿过枪林弹雨振翅高飞，送出重要情报，不知建了多少功勋。

翻开厚厚的历史书，鸽子送信的故事说也说不完。据说，早在公元前2400多年前埃及第五王朝的时候，就开始用鸽子送信了。第一次世界大战期间，比利时爱国者利用鸽子传递情报，狠狠地打击了德国侵略者，弄得敌人焦头烂额，敌人只好把所有的鸽子都抓起来。战争结束后，比利时人民为了感谢鸽子的功劳，专门给它修建了一座纪念碑。

为什么鸽子能够长途飞行不会迷路呢？

有人说，鸽子能够利用太阳方位判定方向；也有人说，鸽子能够利用对地物的特殊记忆力和灵敏的嗅觉认路；还有人说，鸽子的喙部带有微小的磁铁粒子，可以和地磁场产生感应，确定方向，认识道路。

鸽子是忠诚勇敢的空中信使，也是和平的象征。人们根据《圣经·创世纪》里的那个故事，把衔着橄榄枝的鸽子当成是和平的使者，把它称作"和平鸽"。人们常常在一些城市广场上喂养鸽子，在一些重要的庆典活动放飞成群的鸽子，寄托深厚的期望。

鲤鱼跳龙门

传说龙原本生活在水里，后来腾飞上天，才成了人人崇拜的神龙。鱼儿也生活在水里，也能上天成龙吗？

鱼只要跳过龙门，也能够上天成龙。

龙门在黄河上游，两边都是悬崖峭壁，中间只留下一道狭窄的石缝。河水从石缝里"哗啦啦"冲泻下来，形成一个巨大的瀑布，水势非常湍急。龙王爷说，不管什么鱼，只要跳过这道龙门，就能立刻升上天空，成为一条飞龙。

不消说，变成天上的龙是所有鱼的梦想。其中，鲤鱼特别来劲儿。为了跳过龙门升天变成龙，每年春天都有数不清的鲤鱼，成群结队从下游千里迢迢游来，迎着巨浪用力向上蹿跳。谁能跳过龙门，就会变成神龙升上天空，跳不过去的，只好碰死在龙门下面。

这可是一个成龙的好机会呀！可惜龙门太高了，鲤鱼们使尽全身力气，也没有一个能够跳过去。

跳不过龙门的鲤鱼们非常失望，于是就嘀咕着，是不是龙门的门槛太高了，大家才跳不过去？它们一起向龙王请求，把龙门的门槛降低一些。龙王缠不过它们，只好降低了龙门的门槛。鲤鱼们高高兴兴不费多少力气全都跳过了龙门。想不到它们跳过龙门互相一看，大家还是原来的老样子，压根儿就没有变成龙，照旧泡在黄河水里，没法飞上天。

鲤鱼们失望极了，又一起找到龙王说理。

龙王说："你们自己要降低门槛，关我什么事？要想成为真正的龙，还得去跳从前那个龙门，一点也不能打折扣。"

鲤鱼是咱们的老朋友，不管在河里、湖里，还是在池塘里，都能够瞧见它们的身影。

鲤鱼是什么样子呢？

要认识它很容易，因为它的嘴巴旁边好像八字胡似的长着两对短短的肉须。

鲤鱼是什么样子呢？

隔着水波看，它纺锤形的身子非常显眼，整个身子都是青黄色，只有尾鳍下边有一点儿发红。

鲤鱼是什么样子呢？

它的背鳍、臀鳍都有硬刺，最后一根刺的边缘好像锯子似的，带有尖尖的锯齿。

鲤鱼都是这个样子吗？

也不是的。鲤鱼的种类很多，模样也不一样。有的鲤鱼身上有许多又大又亮的鳞片，好像一个个小镜子似的，叫作镜鲤；有的鲤鱼身上没有一个鳞片，叫作革鲤；有的鲤鱼全身都是红的，叫作红鲤；还有脑袋大、肚皮鼓的荷包鲤。各种各样的鲤鱼，看也看不完。

鲤鱼吃什么东西？

它是杂食性鱼类，一点也不挑嘴，无论水草，还是水里的螺蛳、甲壳类的小动物，统统都喜欢吃。

为什么我们不容易瞧见水里的鲤鱼？

说来道理非常简单，因为它喜欢吃的东西都在水底，所以它总是在水底游来游去，是一种底栖鱼类，当然在水面就不容易看见它喽。

为什么鲤鱼要跳龙门，是不是真的想变成龙飞上天呢？

呵呵，不是的，神话故事也能当真吗？不是鲤鱼想变成龙，是它们要游到河流上游去产卵，是龙门挡住了路，它们才使劲往上跳的。

鲤鱼在水里住得好好的，为什么要游到上游去产卵呢？

说起来，这是一些鱼儿的神秘现象。包括有名的大马哈鱼在内，许多鱼都有到河流上游产卵的习惯。可能因为河流上游水流湍急，水质清洁，水里的敌人少，鲤鱼妈妈在那儿产卵，对未来的小宝宝特别好吧。

啊哈！原来是这么一回事。鲤鱼跳龙门的神话，只不过是鲤鱼洄游到上游产卵的现象罢了。可怜天下父母心，不管自己吃多大的苦，也要为孩子设想，鲤鱼妈妈也是这样的。

唐朝有一位诗人,名叫张志和。他非常喜欢大自然,观察非常细致,写了许多描写大自然风光的诗歌。

有一天,他在西塞山前瞧见雨中有一位老渔翁,便写了一首词,就叫作《渔歌子》。词中写道:

西塞山前白鹭飞,桃花流水鳜鱼肥。

青箬笠,绿蓑衣,斜风细雨不须归。

这首诗写得太好了。文学家说这首词好,因为它不用几句话就描写出一幅生动的春天景象。作者文笔流利自然,不故意玩弄辞藻,没有一点儿做作。

看呀,一道青山面前,一只只雪白的鹭自由自在飞来飞去。一条平静的小河,静悄悄穿过桃树林。一片片桃花无声无息飘落到水面上，一条条鳜鱼在水里慢慢地游。风儿轻轻吹，雨儿微微飘，这是一幅多么迷人的江南春天图画啊！

看呀，一位老渔翁戴着竹笠帽、披着蓑衣，忘记了风和雨，专心打鱼不回家。这是一位多么可爱的老人。

科学家说这首词好，因为它不仅很美，还很真实，表现出生物界里的一个自然规律。

这首词里表现出什么自然规律？我们还是从诗里细细观察吧。

请看，这首词里写了"白鹭""桃花"和"鳜鱼"，它们之间有什么联系？

鳜鱼，就是人们平时说的桂鱼，俗称鳌花，民间也称桂花鱼。它与黄河鲤鱼、松花江四鳃鲈鱼、兴凯湖大白鱼齐名，一起被称为我国"四大淡水名鱼"。鳜鱼还被列为鳌花、鳊花、鲫花和法罗、铜罗、哲罗、雅罗、胡罗"三花五罗"之首。其中，以松花江出产的鳌花最有名气。

在大自然里，鳜鱼虽然不多，却分布很广。除了高寒的青藏高原，几乎在我国所有的河流湖泊里都有它的踪迹。鳜鱼有锋利的牙齿，嘴巴很大，一张口就能吞掉几条小鱼，是一种凶猛的肉食鱼类。小鱼、小虾遇见它，就要倒霉啦。说它是水里的小老虎，一点也不过分。

为什么鳜鱼在水里游来游去？原来它像水里的猎人似的，在到处寻找机会，抓鱼虾吃呢。

为什么"桃花流水鳜鱼肥"？

让我们来设想一下，在这个温暖的季节，水草特别茂盛，一片片桃花的花瓣纷纷落到水里，水里的营养物质特别多。鳜鱼吃饱了，身子变得特别肥。这也引来了一群群白鹭，在水里抓鱼儿吃。

啊，桃花、鳜鱼、白鹭组成了一条特殊的食物链！不同的生物，在这条食物链上有自己特殊的位置。

沙漠"指路碑"

茫茫、茫茫,沙漠里一派迷迷茫茫。一个人走在沙漠里,不由得有些慌张。

走呀走,得要走出沙漠,得要回家呀!可是四面都是黄沙,家在哪儿,谁能给这个孤独的旅行者指示方向?

抬头看,到处都是黄色的沙丘,外表一模一样,分不清东南西北。如果在这儿迷了路怎么办?没准儿就回不了家啦。

让我们给他想想办法吧。

喂,朋友,你有罗盘和地图吗?如果有罗盘和地图,打开地图先确定目标,顺着罗盘指针走,就能平平安安走出去了。

你带着手机吗?赶快呼救吧!

如果你两手空空什么也没有,也不用着急。天空中的星星和太阳，也会给你指示方向。

沙漠总是晴空万里，太阳从东边升起来，从西边落下去，难道还不能认识方向吗？

沙漠的夜晚总是星空灿烂，没有一点儿乌云遮掩。在这里看星星，比什么地方都好。只要找到北极星，一切都好办了。

其实用不着这些，身边的许多沙丘，也是一个个可靠的指路碑。

说得对！沙漠里的每个沙丘都是很好的指路碑。

你不信吗？请你仔细看一看这些沙丘吧，绝大多数都是弯弯的，活像是一个个弯弯的月牙儿。地质学家给它们取了名字，叫作新月形沙丘。仔细一看，身边所有的新月形沙丘两个弯弯的尖角全都朝着一个方向。

这岂不就是可靠的指路碑吗？

为什么会是这个样子？说来道理很简单。因为沙漠里没有草，也没有树木，几乎所有的沙丘都是光秃秃的。没有遮挡的沙子，很容易被风吹扬起来。没有草木固定的沙丘，很容易被风推着改变形状。沙丘中间的沙子多，不容易被吹动；两边的沙子少，很容易随风移动。这样一点点移动，就生成了两个弯弯的尖角，变成特殊的新月形沙丘了。

哈哈！咱们发现了沙漠中的一个重要秘密。

所有新月形沙丘两边的尖角都顺着风往前伸展，只要知道这儿盛行风的方向，一个个沉默的新月形沙丘岂不就是可靠的指路碑吗？

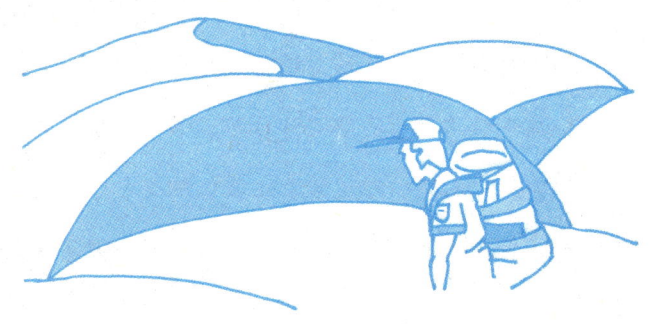

美人鱼的传说

安徒生童话《海的女儿》里描绘了一个可爱的美人鱼，迷住了数不清的孩子。

我国也有许多关于美人鱼的传说，请看几个例子吧。

有一本《搜神记》里说：在遥远的南海里，有一种叫作"鲛人"的美人鱼，非常美丽，像鱼儿一样住在水里，勤劳地纺纱织布过日子。她们流淌出来的眼泪，就是一颗颗珍珠。这种美人鱼多么迷人呀，一点也不比安徒生童话里的"海的女儿"差。

还有一本《子不语》里说：有一个姓潘的老渔夫，一辈子都在海边打鱼。有一天，他和几个伙伴撒了一网，觉得好像网住了什么东西，比平常满满一网鱼还重。他们非常高兴，大家连忙一起用力使劲拖拉，拖起来一看，不由全都傻了眼。

咦，这是怎么一回事？渔网里没有鱼，却挤坐着六七个小人儿。这些小人儿瞧见老渔夫和他的伙伴，就双手作揖行礼，非常有礼貌。

再仔细一看，这些奇怪的小人儿全身都长满了毛，头顶却是光秃秃的，好像猴子一样。它们叽里咕噜说的话，谁也听不懂。渔夫们说的话，它们也不懂。

老渔夫觉得这些小人儿怪可怜的，就打开渔网放了它们。这些小人儿谢了老渔夫，踏着海水像平地走路似的，在海面上走了几十步，就一个个消失在波涛里了。

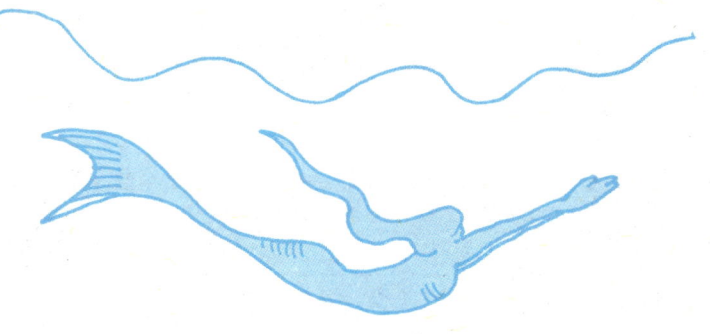

这些奇怪的小人儿到底是怎么一回事？有人告诉老渔夫，这是"海和尚"。如果把它们煮了吃掉，肚皮一年也不会饿。

这种"海和尚"和前面讲的"鲛人"有些不一样。可是不管怎么说，也是生活在海里的"人"呀。信不信，就由你啦。

世界上真有美人鱼吗？

有的！不论是爱幻想的孩子，还是严肃的科学家，都深深相信有这种藏在大海深处的神秘动物。只不过孩子的想法和科学家有些不一样。孩子们天真地认为,那就是安徒生童话里的善良妖精。科学家却认为这是一种实实在在的海洋动物。

美人鱼到底是什么东西?

《山海经》里说,所谓的美人鱼就是藏在水里的鲵鱼,也就是人们平常说的娃娃鱼。

1960年,一位英国海洋生物学家冒出一个科幻小说式的想法,认为这可能是类人猿的一个变种。因为它们长期生活在海里,所以长出了鱼尾巴。

大多数科学家认为,传说中的美人鱼其实不过是儒艮而已。儒艮是海牛目的海洋动物,和别的海洋动物不同,身上有毛,用肺呼吸,会发出像人说话似的声音,脑袋小,眼睛也小,胸口上有两个鼓鼓的乳房,后面拖着一根又粗又长的鱼尾巴。我国南方的广东、广西、海南和台湾南部沿海也有这种海洋动物,儒艮是国家一级保护动物。

为什么人们会把儒艮当成是半截身子是人、半截身子是鱼的美人鱼呢？它们常常在皎洁的月光下，上半身浮在水面上，好像慈爱的人类妈妈似的，用前肢轻轻抱着幼仔喂奶。人们远远瞧见它坐在礁石上，或者浮沉在起伏不定的波涛里，一隐一现，风声里夹杂着它呼唤的声音，就会情不自禁地把它想象成是一个抱着鱼尾巴的美丽姑娘。其实儒艮的身子非常臃肿，把它当作是比人间美女还美的美人鱼，差得实在太远了。

希腊历史学家罗图斯图在《亚里翁传奇》中，记载了一个简直让人不敢相信的故事。

据说在公元前6世纪，爱琴海上有一个文明的岛国，岛上有一位天才音乐家名叫亚里翁，他也是一个抒情诗人。他的歌声非常优美，弹起琴来更是一把好手，加上他性情温和，人人都喜欢他。国王也非常尊重他，对他十分爱护。

有一次，西西里岛举行一个盛大的音乐会，邀请亚里翁前往参加。海上风浪很大，还有海盗出没，旅途很不安全，国王劝他不要去。亚里翁一心一意要去参加这个音乐会，根本就没有把国王的话当回事，自己乘一只船就走了。

当他回来的时候，真的出事了。船上的水手是海盗，半路上抢了他的钱财，还想要他的命。海盗头子恶狠狠地对他说："你自己选择吧，一刀砍死你，还是把你丢进大海喂鱼？"

亚里翁说："让我最后弹琴歌唱一次吧。唱完了，我就自己跳下海，不用你们动手。"

亚里翁忘记了即将来临的死亡，弹起琴，放声歌唱起来。随着他的歌声在海上飘散，忽然从波涛里涌出一群海豚，好像听得入了迷似的不愿意离开。亚里翁唱完后，被海盗逼着跳下海。这时想不到的事情发生了，一只只海豚游过来，用力顶推着他，一直把他送回家乡的海岸边。

这个故事是真的吗？

因为时间隔得很远，是不是真有海豚搭救那个音乐家的事情不好确定。可是海豚常常帮助人们，一次又一次救起不幸的落水者，却是千真万确的，早就不是什么新闻了。

为什么海豚喜欢搭救落水的人？

有人说，因为它们特别聪明，天生就喜欢接近人类。有人说，这只不过是它们的一种本能行动而已，谈不上什么感情。海豚特别喜欢推着海面上的漂浮物体玩，不管是不是落水的人，都会用力顶推着，一直推送到海岸边，直到再也推不动了才会停下来，说它救人，还不如说它在做游戏。

咱们撇开这个问题不说，再看一个真实的例子吧。

1899年的一天，一艘轮船在新西兰的北岛和南岛之间的海峡遇到了一场可怕的风暴。正在九死一生的时刻，海上忽然钻出一只海豚，十分灵活地穿过一个个暗礁，把这艘船安全地引带出去。

人们非常感谢它，给它取名叫杰克。十多年来，它一直在这个海峡来来回回游着，引带着来往的船只平安驶过。可惜后来竟有一个贪财的家伙，黑着良心杀死了它。人们为了纪念这只忠实的海豚，专门给它修建了一座纪念碑。

海豚是鱼吗？

不是的。它和鲸一样，都是海洋哺乳动物。它的动作非常灵敏，游泳速度很快，短距离内可以达到每小时17-23海里。它的性情非常温和，常常成群结队活动，飞快地一上一下跳出水面，是海上欢乐的精灵。

海豚非常聪明伶俐，是海洋里智商最高的动物。我们在水族馆和马戏团里看海豚表演，谁不称赞它们是天生的演员呀！

为什么海豚这样聪明呢？

科学家发现它们的大脑重量平均达到1.6千克，里面的沟纹也很多。要知道，人的大脑平均重量才只有1.5千克，号称智慧动物的猩猩的大脑还不足0.25千克。从大脑的绝对重量看,海豚的大脑比人还大。但从大脑重量和体重的比例来看,人脑占体重的2.1%,海豚只有1.17%,猩猩仅有0.7%而已。说它们是仅次于人类的智慧动物,一点也不为过。

萤火虫提灯会

黑漆漆的夜晚，静悄悄的草地上，忽然一闪一闪地出现了许多神秘的亮光。

瞧呀，这些小小的亮光从空中划过，好像还拖着一条亮闪闪的尾巴呢。

这是什么东西？是天上落下来的小流星吗？

不是的，流星从天上笔直落下来，怎么会一上一下往前飞呢？

这是提着小灯笼出来游玩的小妖精吗？

哈哈，世界上哪有什么妖精。这不是童话，是真实的东西呀。

这也不是、那也不是，到底是什么东西？

仔细一看，原来是许多小小的萤火虫。

萤火虫，听着这个名字，人们不禁会想，它是不是真的是一团会飞的小火焰?

古时候，人们不明白萤火虫为什么会发光。南北朝时期，南方梁朝有一个皇帝名叫萧绎，他生来有一只眼睛是瞎的。可是他却非常好学，多才多艺，是有名的画家，也喜欢研究探索身边大自然的秘密。他写了一首诗，叫作《咏萤火》。诗中提出一个又一个有趣的现象。

他写道："着人疑不热，集草讶无烟。到来灯下暗，翻往雨中然。"

他说为什么发光的萤火虫挨着人，一点也不热？为什么停在草上不冒烟？飞到灯下面，它的亮光就变得黯淡了；飞进雨里火没有被熄灭，却还在燃烧，反倒又亮了。

为什么啊，为什么，这位皇帝实在有些想不通。

那位爱动脑筋的皇帝，在诗里提出的问题非常有趣。他提出的一连串奇怪的现象，到底该怎么解释？

说来原因非常简单。因为萤火虫尾巴上的萤火，并不是真正燃烧的火焰，而是一种特殊的冷光。

萤火虫在南方的客家话里，叫作"火焰虫"，我国台湾省的土话叫作"火金姑"，全都传神地描写出它发光的特点。

为什么萤火虫会发光呢？这是它特殊的生理现象。

原来在它尾部的最后两节有一种发光细胞，组成了特殊的发光器官。这些细胞里含有荧光素和荧光素酶，与通过呼吸系统进入的氧气接触后，会产生一种特殊的化学反应，就能发出冷光了。这种冷光非常柔和，当然不会烫伤人们的皮肤，不会点燃草叶，也不会被雨水浇灭了。

萤火虫的呼吸和人一样，也是呼一下吸一下的。随着呼吸起伏，输入的氧气一下子多、一下子少，所以生成的荧光会一明一暗，在夜晚就是一闪一闪的啦。

萤火虫一闪一闪的，是为了照亮前面的路吗？

不，它们习惯了夜生活，压根儿就不用点"灯笼"照亮。这是它们的无声语言，在互相传递信息呢。

萤火虫一闪一闪的，在说什么？

它们使用这种奇妙的发光讯号，在互相辨识身份和打招呼，大多数是雄虫和雌虫互相传递感情，表明自己在空中的位置。原来这是一种发光的无声爱情语言呀！

萤火虫的荧光到底有多亮？

传说古时候有一位穷书生，没有钱买灯油，就抓了几只萤火虫装在布袋里，借用它们的微弱亮光，苦苦读书学习。这个故事虽然不一定是真的，但是也说明了古人早就在动萤火虫的脑筋，想借用它的亮光为自己服务。

在南美洲和非洲的热带丛林里，有的萤火虫特别大、特别亮。人们抓住几只这样的萤火虫，放在鞋尖上，可以照亮脚前的道路。还有一些爱美的姑娘，把绿莹莹的萤火虫装进薄薄的纱袋，当成是头上别致的装饰品。

啊呀，戴着绿莹莹的萤火虫"头饰"的姑娘，在夜色里慢慢走过来，准会使人惊奇得瞪大眼睛，想不到世界上还有这样富于创意的爱美姑娘。

知了,知了……

火辣辣的夏天,热得叫人实在受不了。谁在树上"知了,知了"一声声叫?

知了,知了……

它的叫声拖得长长的,比热气腾腾的夏天还长呢。

知了,知了……

为什么它老是这样叫?是不是想告诉大家,它什么都知道。

知了,知了……

听呀,它还在没完没了地拖着长长的声音叫,好像提醒大家,请你们来找我呀。

知了,知了……

听呀，声音是从树上发出来的。它准是躲在树上，就看你找不找得到。

找呀找，找不到，耳边又响起了"知了，知了"，不停地絮聒、不停地叫，它好像得意地说："我躲藏得很好，你们别想找到。"

找呀找，找着了，原来是一只小小的蝉，趴在树上不停地"知了，知了"大声叫。

知了，知了……

一声声蝉鸣，打破了周围的沉寂。虽然声音很大，却使人感到一种说不出的安静。难怪有一首诗中说："蝉噪林愈静，鸟鸣山更幽。"

知了，知了……

听着一声声蝉鸣，人们不禁会想，它叫了老半天，不觉得累吗？

嗓子不会疼吗？

并不是所有的蝉都会叫，只有雄蝉才能发出特殊的蝉鸣，雌蝉没有发声器官，是天生的"哑巴"。

为什么说是特殊的蝉鸣？因为这不是从嘴里发出的"叫声"，而是一种特殊的声音。在雄蝉腹部前端紧靠着后足，有一对发音器，"知了、知了"不停的蝉鸣就是从这里发出的。

仔细看蝉的发音器，是一对半月形的盖板，里面连着薄薄的鼓膜和声肌。当声肌收缩的时候，就能牵动鼓膜，在盖板下面引起共鸣，发出"知了、知了"的声音。

因为蝉老是"知了、知了"地叫，所以人们干脆就叫它"知了"。因为它老是爬在树上，所以人们又给它取了一个名字，叫作"爬树猴"。古时候还有人叫它蜩、蚱蝉等，名字可真不少呢。

蝉真的老是爬在树上吗？

才不是呢。它的一生有卵、幼虫、拟蛹和成虫四个阶段。雌蝉总是在夏天产卵，幼虫孵化以后，常常自己放出一条丝，或者跟着折断的树枝落下来，进入泥土里面。幼虫藏在地下的时间很长，往往有四五年，最少也有两年，长的甚至达到十二三年。说它是"爬树猴"，那是后来的成虫阶段了。我国古时候按出现时间把蝉分为春蝉、夏蝉和寒蝉。春蝉出土最早，古人称它们"哑蟪"。夏蝉中有一种叫蟪蛄的，声音特别嘹亮。人们平时听见的蝉鸣，就是它的声音。可是它的寿命特别短，只有短短几天到几个星期，所以有"蟪蛄不知春秋"的说法。最晚出现的是寒蝉，一般过了寒露才"鸣"，因为它的声音不响亮，再加上数量不多，所以人们很少听见，误以为它是哑巴。成语"噤若寒蝉"，说的就是它。

蝉爬在树上，用又尖又细的刺吸式嘴刺进树身吸食汁液，轻的可以使树上产生斑点，严重的能够把整棵树弄死，所以蝉是害虫。古时候的人误以为蝉生活在高高的树枝上，吃露水生活，是"清高""廉洁"的象征。晋代陆云写了一篇《寒蝉赋》，认为它集"清、廉、俭、信"四字于一身，称赞它是"至德之虫"，是道德高尚的君子化身。古希腊把它当作是"歌唱女王"，赞扬它美妙的声音，还不知道它是一种害虫呢。

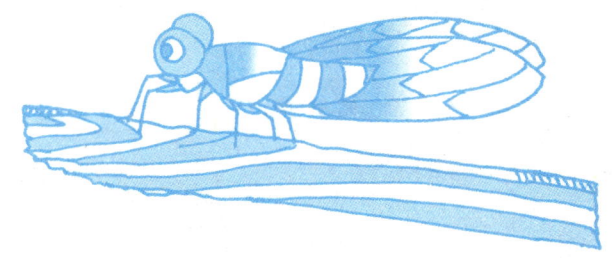

陶行知先生是有名的教育家。有一天,他在田间小路上瞧见一群孩子顺着小路跑过来,追一只小小的蜻蜓。小蜻蜓扇着翅膀上下乱飞,一不小心撞到一棵树落了下来,被一个小姑娘捉住了。

陶行知问她:"喂,孩子。你知道蜻蜓吃什么吗?"

小姑娘想了一下说:"吃虫子呀。"

旁边的孩子们也七嘴八舌地回答说:

"吃露水。"

"吃树叶。"

"吃草。"

"吃泥巴。"

……

陶行知说:"这个小姑娘说对了,蜻蜓吃的是虫子。你们知道它吃的是什么虫子吗?"

孩子们又七嘴八舌地说了一大串。陶行知仔细听后对他们说:"你们有的说得对,有的说得不对。蜻蜓吃的不是一般的小虫子,是苍蝇、蚊子的幼虫。它吃这些害人虫的幼虫,好不好呀?"

孩子们点头说:"好呀!"

陶行知接着说:"小蜻蜓帮助我们消灭害虫,一只蜻蜓一年可以为人类消灭成千上万只蚊子,是我们的朋友。不要捉它,放了它吧。"

捉蜻蜓的小姑娘不好意思了,轻轻一松手,放了那只小蜻蜓。孩子们瞧着它扇着透明的翅膀,拖着长长的尾巴,一转眼就不声不响地飞远了。

陶行知转过身再问孩子们:"蜻蜓尾巴有什么用处?为什么蜻蜓老是用尾巴点水?"

孩子们的回答五花八门,各说各的道理。

陶行知告诉他们："蜻蜓尾巴点水是在产卵呀！它饿坏了的时候，还会吃自己的尾巴。可是别为它着急，不用多久尾巴又会重新长出来的。"

孩子们听得很入迷，陶行知联想到一些问题：学校里的生物课不要变成"死物课"，生物陈列所不要变成"僵尸陈列所"，更不要在无意中培养孩子们残忍的一面。他觉得应该把孩子们带进大自然，让他们在生动活泼的大自然里认识真正的生物，这样才能学到真正有用的知识。

蜻蜓有四只薄薄的透明翅膀，好像一架小飞机。你可别小看它这又轻又薄的翅膀，扇动得可快了，每秒能够扇好几十下，飞得很快。有人计算过，一只蜻蜓每秒可以飞9米，每小时能飞30多千米。当它快速冲刺的时候，每秒甚至可以达到好几十米。奥运会百米冠军和它赛跑，也不是它的对手。

蜻蜓不仅飞得快，飞得也很远。有人在南太平洋上惊奇地发现，在距离澳大利亚海岸500多千米的地方，也有小小的蜻蜓在飞。如果它们再飞回去，就是上千千米的不着陆飞行。说它是远程飞行家，一点儿也不过分。

蜻蜓的飞行技术非常高超，它不仅能够快速飞行，也能在空中慢悠悠滑翔，还能十分灵活地变换方向和高度，甚至悬浮在半空中，再加上倒飞、侧飞、直上直下随心所欲地飞来飞去，连现代化的飞机也比不上它的本领。

蜻蜓有一双奇怪的大眼睛。它的视野非常开阔。它的复眼除了能感受到物像外，还能测速。当一只小虫在复眼前移动的时候，每个小眼睛能够像计算机一样迅速反应，准确测量出小虫的运动速度，然后冲上去一口吃掉它。如果我们的飞机也有这样的本领，就没有一架敌机能够逃脱了。

蜻蜓的幼虫叫水蛋，一年能吃3000多只蚊子的幼虫。它从小就能消灭这么多的害虫，真是人类的好朋友。

螳螂大将军

据说，春秋时期楚庄王将要兴师动众攻打晋国，对手下的官员们说："我已经打定了主意，非打这一仗不可。谁也别想阻挡我。谁劝我，就砍谁的脑袋。"

大臣们见国王怒气冲冲，全都吓得不敢说话。这时一位名叫孙叔敖的大臣走出来，不慌不忙对他说："大王不要生气，听我讲一个故事吧。"

楚庄王觉得很奇怪，要打仗了，他讲什么故事呢？耐下性子看他说什么。

孙叔敖说："我听说园子里有一棵大树。树上有一只蝉，正低着脑袋要喝树叶上的露水，不知道背后藏着一只螳螂正举起两只镰刀似的前脚，打算扑上去抓住它。螳螂也不知道，自己背后有一只黄雀，正要啄食它。黄雀也不知道，树下有一个孩子，拿着弹弓要打它。大王只顾生气，要攻打晋国，也得要提防背后的敌人等着暗算呀。"

楚庄王一听，觉得他说得很有道理，就停止了这个行动。这个故事便成为一个成语，叫作"螳螂捕蝉，黄雀在后"，流传下来。

在这个成语里，提到了螳螂。螳螂是一种大型昆虫，模样儿非常古怪。你看它，翘起小小的倒三角形脑袋，鼓着两只大眼睛，拖着大肚皮，舞着两把大刀，活像是一个威风凛凛的大将军。

它真的在舞大刀吗？当然不是的。原来它两只前脚与众不同，长得又宽又长，边缘长满了锋利的锯齿，好像两把高高扬起的镰刀，所以又叫它大刀螂。

螳螂是了不起的猎手，也是昆虫世界里的"老虎"。因为它有两把大刀吗？噢，不完全是这样。说它是经验丰富的猎手，还因为它很会伪装，能够骗过猎物的眼睛；它还有高超的定位本领，能够百发百中抓住猎物。

你看它，披着绿色的伪装服，耐心地站在草叶上动也不动一下。

它不仅有保护色，还有拟态的本领，伪装得简直和草叶、树枝一模一样。粗心的小虫子来来往往，压根儿就看不出这里潜伏着一个凶狠的猎手。抓虫子吃的鸟儿从这儿飞过，也别想瞧出它的身影。这样的伪装既能骗过猎物，也能骗过敌人，再好不过了。

你别瞧它站在草叶上一动也不动，它这是在等机会下手，一旦瞄准了对象，呼地一下伸出两只前脚，一下子就能抓住猎物。猎物不管怎么挣扎，也逃不掉。

螳螂并不全都是绿色的。随着季节和地点的变化，在自然界里还有黄褐色、灰褐色的螳螂。它们针对不同的环境，变换成不同的颜色，好像战士们的野战服，在丛林里是绿色，在沙漠里就改换成黄色了。

信不信由你，螳螂也是一种远古遗留的"化石动物"，早在4000万年前地球上就有它的踪迹了。世界上有1585种螳螂，咱们中国有好几十种。不同的螳螂生活在不同的自然环境里，个儿大小和外表颜色也不一样。

为什么螳螂捕捉猎物这样稳、准、狠呢？这和它有一双高超的眼睛有关系。

在它的两只大眼睛里，藏着许多小眼睛。当小虫子飞过来的时候，有的小眼睛先看见飞的虫子，有的小眼睛后看见飞的虫子。一只只小眼睛接收到的图像信号不断送往大脑，大脑飞快组合这些小眼睛送来的信号，就能准确计算出小虫子的距离，百发百中抓住它们。有人计算过，一只螳螂一年能消灭上千只害虫，功劳可不小呀！

螳螂不仅抓小虫子吃，也抓别的东西吃。非洲和南美洲的一些螳螂个儿很大，还能攻击小鸟、蜥蜴、青蛙、老鼠等小动物。

想不到的是，有时候螳螂还会吃自己的同类。当母螳螂和公螳螂谈情说爱的时候，常常会抓住自己的情郎，咔嚓咔嚓咬掉脑袋，连身子一起统统咽进自己的肚子里。这样残酷无情的母夜叉，谁敢爱它呀！

螳螂有这样高明的本领，所以法国著名昆虫学家法布尔说它是"鲜活生物潜伏的魔鬼"。意大利一些地方流传着一种信仰，认为谁向它问路，它就会用前脚摆出的姿势给迷路者指示回家的方向。日本人称它为"镰刀"，把它的好斗精神和古代剑客相比。中国武术中，有模仿它的动作的螳螂拳。

瞧呀，小小的螳螂居然有这样大的影响呢。

"呱、呱"叫的青蛙

1970年11月7日，马来西亚首都吉隆坡以北大约260千米的森吉西普热带丛林中的一个大泥潭里，发生了一场激烈的战争。

随着第二次世界大战结束，战争的硝烟早就在这个国家消散了，怎么会又打了起来？

不，这不是人类的战争，而是一场惨烈无比的蛙战。

什么是蛙战？就是青蛙打架呀！

青蛙打架算得了什么，值得大惊小怪吗？

噢，这一场蛙战打得天昏地暗，日月无光，完全不亚于一场人类战争。

这一天，住在附近的人们忽然听见那边传来一阵阵震耳欲聋的青蛙怒叫，只见成千上万只青蛙无比凶猛地打斗在一起，一面"呱、呱、呱"叫着，一面互相撕咬，战斗十分激烈。

这一场青蛙大战整整打了7天7夜，真是一场从来没有的奇观，引起周围居民纷纷前来观战。等到马来西亚大学动物系的专家赶来，战斗已经结束了，只见遍地都是青蛙尸体，泥潭里只留下许多蝌蚪和无数透明葡萄似的青蛙卵，再也听不见如雷的蛙鸣了。

这是怎么一回事？难道真的是一场你死我活的战争吗？

不是的，动物学家说："这是一次青蛙特殊的求偶活动。"

原来那时正是青蛙的交配繁殖期。由于很久没有下雨，气候特别干燥，许多池塘都干了，使青蛙不能正常交配繁殖。突然下了一场大雨，这个泥潭里积满了水，引来许多雄蛙和雌蛙"谈情说爱"。

啊，原来人们听见的嘈杂的青蛙叫声，是雄蛙们为了表达爱情上演的一场特殊的"青蛙交响乐"。发情的雄蛙追赶着雌蛙，一只只青蛙上蹿下跳。不消说，在这场大型求爱活动中，每只雌蛙都是雄蛙追求的对象。有时候好几只雄蛙抢着拥抱一只雌蛙，就出现激烈的战斗场面了。

在这场集体婚礼中,为什么死了那么多青蛙呢?有人认为是一些癞蛤蟆混了进来。它们身上分泌的毒素,造成了一些青蛙不正常死亡。青蛙大声鸣叫,还招来了它们的天敌——专门吃青蛙的大蝙蝠、负鼠等攻击。还有人认为青蛙经过漫长的越冬期后,体质普遍比较差,经不住这样拥挤和激烈争夺配偶的场面,有的活活累死了。是不是这样,还需要仔细研究。

青蛙是两栖动物,不仅是游泳好手,也能在地上蹦蹦跳跳,性情非常活泼。由于它的皮肤裸露,不能防止身体里面的水分蒸发,所以它特别怕干旱和寒冷,一辈子也离不开水和潮湿的环境,主要生活在热带和温带多雨的地方。

青蛙害怕寒冷,天气变冷,就要钻进泥土里冬眠,等到春天才出来活动,在水里产卵繁殖。青蛙卵孵化后变成活泼可爱的小蝌蚪,拖着尾巴在水里游来游去。蝌蚪一天天长大,最后生出四条腿,尾巴掉了,就变成一只成年青蛙了。

雄蛙的嘴角两边有一对能鼓起来振动的声囊,两对声囊可产生共鸣,使雄蛙的叫声更加嘹亮。

青蛙的舌头很长,舌尖是分叉的,可以飞快地伸出来,百发百中地粘住飞过面前的小虫子,卷进嘴巴里。青蛙是消灭害虫的能手。

我们常见的青蛙有黄绿色、深绿色、灰棕色,肚皮大部分都是白色的。背脊上有许多黑色斑点和条纹的青蛙叫作黑斑蛙,因为它常常生活在水田里,所以又叫田鸡。

青蛙的种类很多,雨蛙在下雨天叫得特别欢;浮蛙常常浮在水面上；湍蛙生活在湍急的水流里；金线蛙肚皮是黄色的，背上有金黄色的条纹；虎纹蛙的背上有老虎皮一样的花纹。还有会爬树的树蛙，个儿特别大、叫声像牛的牛蛙。海南岛有一种特别小的姬蛙，身子只有2.5厘米长。许多千奇百怪的青蛙，人们见也没有见过呢。

罕见的"文字鱼"

桑给巴尔岛在东非坦桑尼亚境内,是西印度洋的一个小岛。这里面对大海,背靠大陆,自古以来就是重要港口,人口众多,商业繁盛,也是东方和西方交通的重要枢纽。

在熙熙攘攘的菜市场上,有一个人买了一条黑色的半月刺鲽鱼,打算拿回家煮汤吃。他拿在手里一看,不由吃惊地喊叫起来。

瞧呀,这是怎么一回事?这条鱼身上有许多弯弯曲曲的白色条纹,从头到尾布满了全身,好像是写在黑板上的粉笔字。他仔细一看,很像古代阿拉伯文,觉得非常有趣。

他低头再一看,奇迹出现了,想不到鱼身上的白色条纹里居然冒出一个简单的句子。

他这一喊,惊动了旁边的人,全都一窝蜂围上来。亲眼目睹了鱼身上的字，人人都惊奇得瞪大了眼睛。

有人说："为什么鱼身上有字？准是一条神鱼。"

大家一听，纷纷点头称是。

有人猜："它身上的字必定有特殊意义，千万不要杀了它。"

大家一听，又纷纷点头称是。

还有人猜："是不是上天对我们不满意，才派这条鱼来传话的？"

大家一听，再纷纷点头称是，开始讨论人们有什么罪过，应该怎么赎罪？先前打算买它回去煮汤的人，连想也不敢再想一下了。很多人都争着要买这条鱼，好带回家作为收藏品。

这条鱼真的是神鱼吗？身上的"字"真有特殊意义吗？

当然不是的。半月刺鲽鱼身上的花纹东一条、西一条，完全没有规律。这几个所谓的"字"，只不过是巧合而已。

半月刺鲽鱼是蝴蝶鱼科的一种，和别的蝴蝶鱼一样，也是热带珊瑚礁里的鱼儿，所有的特点和蝴蝶鱼完全相同。它的嘴很小很尖，这样能伸进珊瑚洞穴和缝隙里捉东西吃。它的身子像是挤扁了似的，完全没有普通鱼儿的饱满。

它为什么长成这副模样呢？这样才能钻过狭窄的珊瑚礁缝隙，躲进礁石中间，和凶猛的鲨鱼捉迷藏，依靠复杂的珊瑚礁地形保护自己。

它和别的蝴蝶鱼有些不同，不是五彩缤纷的，身上布满了黑白条纹，好像是一匹水底斑马。这是为了适应色彩丰富的珊瑚礁环境，同草原上的斑马体色一样，具有保护功能。

噢，明白了，半月刺鲽鱼身上的花纹是一套非常实用的迷彩服，不是造物者在它这块活动的"黑板"上写的粉笔字。桑给巴尔菜市场上那条奇异的"文字鱼"，不是海神爷专门赐给人们的礼物，当然也就没有什么神的启示了。

噢，明白了，五彩缤纷的珊瑚礁不是人们想象的美丽花园，不是超脱了残酷生存斗争的世外桃源，不是逍遥自在的天堂，这里时时刻刻都有生与死的考验。生活在这里绝对不能粗心大意，需要随时保持警惕，这才是半月刺鲽鱼真正的启示。

海底跛脚老渔翁

2004年3月30日,台湾省苗栗县的一个渔民,在附近白沙屯渔港的水箱里抓到一条怪鱼。这条鱼大约有8厘米长、6厘米宽,像巴掌一样大小,全身都是金黄色,身上有一条条红色斑纹,十分好看。由于时间太长,它已经奄奄一息,不停地用力挣扎着,嘴巴一张一张的,呼吸很不稳定,似乎很难过,想要浮上来呼吸一会儿似的。

渔民们为了帮助它,连忙找来氧气筒和吸管,进行抢救工作。经过十几分钟抢救,它终于恢复了呼吸,大家非常高兴。

人们围着它看,瞧见一个奇怪的现象。它的腹鳍像脚一样粗壮,居然能够在地上慢慢爬几步呢。尽管渔民们天天出海打鱼,但从来没有见过这种怪鱼。人们议论纷纷,不知道它是什么鱼。

这是什么怪鱼? 有经验的老渔民告诉大家:"这是海底钓鱼

郎呀!"

他这一说,更加引起了人们的兴趣。水里的鱼,怎么还能钓鱼?这一定是一个珍稀品种,绝对不能伤害。大家立刻把它送到当地水族馆,好好保护起来。经过专业人员鉴定,老渔民说得没错,它的确是"海底钓鱼郎",能够在海底"钓鱼",大名叫躄鱼。"躄"这个字十分生僻,是"跛脚"的意思,所以它又叫"跛脚鱼"。

为什么躄鱼又叫"跛脚鱼"呢?因为它不太会游泳,而是用胸鳍和腹鳍在海底一跛一跛地爬行,好像一只癞蛤蟆,才得到这个名字。

它还有一个名字,叫"五脚虎"。为什么叫这个名字呢?因为它用来走路的胸鳍和腹鳍好像是五只脚呀。

躄鱼生活在热带的珊瑚礁里或海藻繁茂的海底。苗栗县位于台湾海峡岸边,距离有珊瑚礁的地方不远。在这里捞起躄鱼,一点也不奇怪。

为什么躄鱼又叫"海底钓鱼郎"?难道它真的会钓鱼吗?

会呀！它就是用这个办法抓小鱼吃的，维持自己的生命，使种族能够在激烈的弱肉强食的竞争里延续下去。

大鱼吃小鱼，是很平常的事情。许多凶猛的鱼只消凭着自己的力气冲上去，张开大嘴巴一口就把可怜的小鱼吞进肚子。鳘鱼的游泳技术不行，要用这种传统的水下打猎方法准会饿死。为了生存下去，它学会了特殊的钓鱼本领。

其实会钓鱼的鱼不是只有鳘鱼，和它同类的鮟鱇也有这样的本领，它们都是用安装在脑袋上的"钓鱼竿"钓鱼的。

"钓鱼竿"怎么会在脑袋上？这是一根特殊的鳍棘，是由背鳍上的一根刺变的，尖儿上还有一些鱼饵似的东西，像8字似的来回晃动，引得傻里傻气的小鱼上钩。小鱼游过来想看清楚是什么东西，就被它一口吞掉了。

鳘鱼打猎也要提防更加凶猛的敌人，所以它需要好好伪装自己。它和鮟鱇一样，不管体形，还是身体的颜色，都能随着周围环境的改

变而改变。它的身子很柔软，可以随意变化。当它趴在海底不动的时候，就像一块没有生命的石头。当它藏在海藻里的时候，又活像是一团海藻。猛一看，很难认出它的真面目。

鳖鱼身上没有鳞，皮肤上有许多疙瘩，是有名的丑八怪。丑就丑吧，只要有这一套又一套的生存本领就行。

这个丑八怪像老渔翁一样静静地躲藏在黑暗里伏击别人，同时也躲避着凶狠的敌人。如果它没有这几招，怎么活得下去呢？在残酷的生存斗争里，就得这样才行。

小小水上"滑翔机"

一条小鱼儿天天在大海里游泳,非常厌倦。它抬头望着天空,瞧见雪白的海鸥飞来飞去,心中非常羡慕。它想:"唉,如果我也能像鸟儿一样在空中飞,那才好呢。"

怎样才能飞起来呢?得要一双翅膀才行呀。

小鱼儿求大海爷爷说:"请您给我翅膀吧。"

大海爷爷问:"你在我的怀抱里不好吗?为什么有这样奇怪的想法?"

小鱼儿说:"我觉得在水里游泳太闷气了,哪有天上的鸟儿自由自在。再说,大海里很危险,弄不好就会被凶恶的鲨鱼吃掉,哪有天上安全。"

大海爷爷提醒它:"你别把天上想得那样好,天上也有危险呀。"

小鱼儿说:"不管怎么说,天上总没有鲨鱼吧。鲨鱼天天跟着屁股后面追,弄得我闭上眼睛全是噩梦。"

大海爷爷没有办法,只好叹一口气,把它肚皮下面的一对鳍拉长,变成一对小翅膀,对它说:"去吧,孩子。不过你别飞得太高太远,如果遇到危险就赶快飞回来,我才能保护你。"

小鱼儿说:"不,我要像鸟儿一样飞得高高的,一直飞进天堂里,不会有危险的。"说着,它就用力拍着前鳍变的翅膀,一下子冲出了水面。

啊呀,在空中飞翔的滋味实在太好了。小鱼儿抬头望着蓝色的天空、雪白的云朵,觉得自己真的飞进天堂了。它低头望着起伏不平的大海说:"再见吧,大海爷爷。我再也不会回来过那种整天被鲨鱼追赶的恐怖日子啦。"

小鱼儿正想着,迎面飞来一只雪白的海鸥。它高高兴兴向海鸥打招呼:"喂,您好。您一定是来欢迎我的天使吧!"

海鸥没有回答，张开坚硬的嘴壳朝它恶狠狠地扑来，想把它一口吞进肚子。小鱼儿吓坏了，连忙收起小翅膀，钻进大海爷爷的怀抱，才躲过了灾难。从那一天起，它就变成一只特殊的飞鱼，只敢低低飞出来一会儿立刻又扎进海水里。

常言道："海阔凭鱼跃，天高任鸟飞。"海里的鱼儿最多只能跳出水面，天空是鸟儿飞翔的地方。鱼和鸟生活的领域划分得清清楚楚，鱼不能飞上天，鸟也不能钻进水。

这话说得不完全对。在南方的热带海洋上，常常可以瞧见一种会飞的飞鱼。飞鱼没有真正的翅膀，只能用两只又长又大的胸鳍飞。它的这对假翅膀可不小，大约有身子的三分之二那样长、三分之一那样宽，猛一看，真的像是两只张开的翅膀呢。它的整个身子好像是流线形的梭子，在空气里的阻力很小，似乎它生来就会飞。

飞鱼能飞多高多远呢？它能像真正的鸟儿一样飞上高高的天空，在天上自由飞翔吗？

不，它只能在水面飞行十几米，在空中停留几十秒，飞行的最远距离也不过几百米，和真正的鸟儿相比差得很远，别说比不上在大海上自由飞翔的海鸥，就连一只小麻雀也比不上。

为什么飞鱼飞不高，也飞不远呢？仔细观察它飞行的样子就能明白了。原来它压根儿就不会像鸟儿一样拍着翅膀飞，而是借助两只宽大的胸鳍滑翔，根本不是真正的飞行。

为什么飞鱼要飞起来呢？是被水里的敌人追赶得无路可走，才用力扇着翅膀一样的胸鳍飞起来的吗？俗话说："狗急跳墙。"飞鱼可没有什么闲情逸致在天上飞着玩，它是特殊的"鱼急跳墙"，是被吓得冲出水面，躲避水里的敌人追赶。

为了揭开飞鱼飞起来的秘密，人们使用摄像机拍摄了它起飞的全过程，发现它起飞有几个非常重要的动作。当它准备离开水面的时候，必须收起胸鳍紧紧贴在身体两边，尽量减少摩擦阻力，像跳远运动员一样快速游，做好起跳的动作。在它离开水面的一刹那，用尾巴使劲拍打一下水面，身子就能像离弦的箭一样向空中射来。当它离开水面，立刻张开翅膀一样的胸鳍，迎风快速向前滑翔，直到再也没法往前滑翔了，才重新落下水。

啊呀，原来飞鱼只不过是一只水下弹射滑翔机，和真正的鸟儿飞翔完全不一样。

半截身子的翻车鱼

2006年夏天,英国传来一个新闻。不少人发现,有一大群怪鱼闯到了海边。

说这是一件怪事,因为这些鱼样子非常古怪,以前从来没有人瞧见它们出现在这样近的海边。

这是什么鱼,引起这样大的轰动?

原来这是一群古里古怪的"头鱼",它们不仅个儿特别大,模样儿也特别稀奇,活像被切掉了后半截身子似的,只剩下一个大胖脑袋,慢慢摆动着在海水里游来游去。一些人少见多怪,吓得尖声呼叫,以为是鱼的鬼魂出现了。

这到底是什么鱼,使人们大惊小怪?

原来这是一种罕见的翻车鱼。它们生活在大海远处,平时很少游到海边。经过调查，人们从来没有见过这种大鱼，一下子出现一大群，难怪会使人们感到惊奇，爆出一条火辣辣的热点新闻。

感兴趣的英国人想弄清楚，到底有多少翻车鱼游来？为什么要游到离岸这么近的地方？

为了弄明白它们的数量和来历，人们动用了船只和飞机进行侦察，发现仅仅在水面上就有19只巨大的翻车鱼，隐藏在水下没有露出身子的就更多了。这么多的翻车鱼是为了追逐最喜欢吃的水母，才冒着被人们捕捉的危险，从遥远的海上成群结队地游来。

噢，原来是这么一回事。

翻车鱼喜欢生活在温暖的海洋里，是一种暖水鱼类。在我国沿海，特别是在辽阔的南海上，也有许多翻车鱼。2006年6月16日，浙江省瑞安市的一只渔船在东海上捕获了一条400多千克重、身长2.15米的翻车鱼。当地渔民把它叫作"寿桃鱼"，也觉得非常稀罕，把它送进了温州动物博物馆收藏。

因为翻车鱼好像被切掉了身体似的，只有前半部，压根儿就没有尾巴，所以人们干脆叫它"头鱼"。由于它常常侧着身体在水面上晒太阳，所以又叫"太阳鱼"。翻车鱼这个名字也和它喜欢翻着身子躺在水面上有关系。

为什么翻车鱼喜欢翻过身子平躺在水面上呢？有人说，这是为了使身体温暖，帮助消化。也有人说，这是为了让小鱼和海鸟啄食它身上的寄生虫。要不，身上痒痒的，可难受呀！不管什么原因，都能解释它为什么老是喜欢翻着身子，得到翻车鱼这个名字。

翻车鱼的个儿很大，一般有1米多长，大的可以达到5.5米长、2吨多重，是世界上最大的硬骨鱼。1908年9月，一艘轮船在澳大利亚悉尼市的外海不小心撞死了一条翻车鱼，竟有2235千克重，可以称得上翻车鱼之王了。

翻车鱼的身子扁扁的，如椭圆形，上面高高竖起背鳍，露在水面上不停地来回摆动，好像风帆一样；下面伸出同样大小的臀鳍，使劲拨拉着海水。背鳍和臀鳍就是它划水游泳的工具。

它游泳的姿势很奇怪，老是竖着半截身子往前游。可是这样游速度很慢，它不得不另想办法，居然学会了顺着海水漂流，在一阵阵波浪的推动下，也能漂到很远的地方呢。

翻车鱼吃什么？它吃的是随波逐流的浮游生物、海藻、软体动物、水母和一些小鱼。翻车鱼的嘴巴很小，牙齿融合成整块牙板，只要游进众多的浮游生物群，用不着费多大的力气，只消张开吸管似的樱桃小嘴，就能呼噜呼噜吸进许多食物。浮游生物非常小，翻车鱼用不着东看西看找着吃，也用不着牙齿咀嚼，所以它的眼睛很小，牙齿也慢慢退化了。

唉，翻车鱼这副慢吞吞的样子，又没有牙齿撕咬，遇到凶恶的敌人可怎么办呀！

它也有自己独特的办法。一个办法是它有一身很厚的皮肤，敌人很难咬动。还有一个办法就是它们大量繁殖后代，每次产卵达亿万个，哪怕只有很少一部分活下来，也可以传宗接代了。

海里的"大象"

1984年3月，新西兰奥克兰海边发生了一场灾难。不知怎么一回事，竟有70多头圆头鲸从大海里游来集体冲上海滩。

鲸是海洋动物，离开大海怎么活下去呢？它们哀声吼叫着，大口大口喘着粗气，眼看就要一头头死去。当地人着急了，纷纷赶来帮助它们。有人往它们身上泼水，有人用力拖拉，试图把它们重新赶下海。可是不管人们怎么用力气，它们也不回头下海，一头接着一头惨死在海滩上。

也在这一年，130多头抹香鲸冲上加拿大欧斯峡海湾的沙滩上集体自杀身亡，没有一头幸存。

第二年，160多头巨头鲸在澳大利亚的塔斯马尼亚岛海滩上自杀。

鲸自杀是常见的神秘现象，这样的例子说也说不完。我国也有鲸集体自杀事件。1985年12月22日，在福建省打水岙湾，12头巨大的抹香鲸乘着涨潮水笔直冲向海滩。当地渔民发现这一情况，连忙组织人力阻挡。由于人的力量无法阻止，只好用机帆船拖曳，试图驱赶鲸群返回大海。可是不知什么原因，被拖下海的鲸又奋力挣扎着重新冲上沙滩，最后全部死亡。

为什么鲸会集体自杀？这是一个未解之谜。

有人说，是由于受到惊扰，使它们的回声定位系统发生紊乱，分不清方向而冲上海滩。有人说，是由于鲸的测定方位器官受到干扰，使导航系统产生错误。有人说，是由于海水污染，使鲸引发疾病，诱发心理上的变态，被逼着非常痛苦地走上集体自杀的道路。还有人做出别的解释，直到现在还没有最后的结论。

鲸是什么动物？人们常常习惯地把它称为"鲸鱼"。其实它压根儿就不是鱼，而是一种在海洋生活的哺乳动物。

鲸是世界上最大的哺乳动物，最大的蓝鲸有33米长、130吨重，仅仅一根舌头就有两吨重，心脏也有700千克重，整个身子相当于32

头大象的重量。说它是海里的"大象",还小看了它呢。

大海里的鲸可以分为齿鲸和须鲸两大类。前者还保留着牙齿,可以吃鱼类、乌贼和甲壳类动物。有名的抹香鲸、虎鲸,就是例子。后者的个儿大得多,牙齿已经退化了,吃的主要是微小的浮游生物,它们张开巨大的嘴巴,大口大口吸进含有浮游生物的海水,经由鲸须过滤,把食物咽下肚子。白长须鲸、长须鲸和座头鲸,就是最好的代表。

别小看了这些海水里的大家伙,认为它们笨重不灵活,动作一定非常缓慢。其实有的鲸游得很快,长须鲸就是游泳的高手。这种鲸的背脊是灰色的,肚皮侧面是白色的,游泳速度很快,有"海洋灰狗"的称呼。

不管什么种类的鲸,都和别的哺乳动物一样,是胎生繁殖,用肺呼吸。它们在水面吸气后,可以潜游10—40分钟,然后抬起头来,深深吸一大口气,再扎入水里。

尽管鲸也是哺乳动物,可是由于它长期生活在水里,生理上发生了许多变化,和陆地哺乳动物有些不一样。它的骨骼变得像海绵一样,没有那样重,身体里面有许多油脂,很容易浮起来,也容易保持体温,能够长期泡在水里生活。因为它生活在海水里,嗅觉变得不灵敏,视觉也不好,可是它的听觉和触觉却很发达,和陆地哺乳动物不一样。

在茫茫大海里,鲸怎么知道自己在什么地方?怎么和伙伴联系呢?

有办法！它们依靠回声定位和伙伴们联络。它们还可以利用回声追踪食物呢。

噢，明白啦。鲸动不动就成群结队冲上海滩找死，没准儿和身体里的回声系统出了故障有关系呢。

真实的"侏罗纪公园"

印度尼西亚号称"千岛之国",大大小小的岛屿数也数不清。其中有一个科摩多岛,是一座巴掌大的火山岛。从前谁也不知道它,想不到在100年前一下子就出名了,引起了全世界的注意。

这件事要从一次飞机失事说起。1910年,一位荷兰飞行员驾着一架小飞机,从今天的雅加达飞往澳大利亚,想不到在半路上,他发现发动机出了故障,无论如何也不能到达目的地,也不能返回原来的机场了。他低头一看,下面大海茫茫,只有一座不知名的小岛,别说没有机场,连一片像样的海滩也没有。这时候飞机随时都可能坠落,他没有别的选择,只好冒险降落在岛上的热带丛林里,多亏老天保佑,才在林中一片平地降落下来。

他跨出飞机长长舒了一口气,穿过密密的丛林往前走出不远,想不到的事情发生了。他听见一阵不平常的响声，忽然瞧见一个怪兽，好像是一个巨大的蜥蜴，嘴里叼着一头鹿，咔嚓咔嚓就把它撕成碎片，咽下了肚子。

啊呀，这是什么怪兽？简直把他吓呆了，他好不容易才穿过密林，在当地的居民帮助下逃了回来。当他回来后讲给大家听，谁也不相信，反倒认为他是由于飞机失事，头脑里产生了幻觉。要不，就是他故意编造的故事。

不，他没有撒谎。他的报告引起了动物学家的注意，他们开始着手进行调查。尽管他十分幸运从那个怪兽口里逃脱了，但后来者不是都有他那样的好运气。一位瑞士动物学家在调查中遇着那个神秘的怪兽，受到袭击丢掉了性命。事后证明，科摩多岛上的确存在着一种巨大的蜥蜴，名为科摩多巨蜥。

巨蜥是什么？有人说，就是远古残留下来的"活恐龙"。那位荷兰飞行员的所见所闻，简直就是电影《侏罗纪公园》的翻版。人们做梦也没有想到，在自己身边居然真的存在一个活生生的史前世界。

经过调查，科学家发现这个小岛的密林深处居然隐藏着两千多只巨蜥。这个岛上的居民只有200多人，还不到巨蜥的十分之一。

巨蜥身长有3米多，非常凶猛，食肉，攻击对象包括岛上的野鹿、野牛和野猪等大型动物，别的小动物更不在话下了。它进攻的武器是粗壮有力的尾巴，只消用力一扫，就能打倒猎物，再慢慢撕碎吞咽。由于这里气候炎热，它一般都藏在幽深的密林里，有时候干脆钻进洞穴，很少在外露面，所以显得十分神秘。

科摩多岛是由三座火山岛组成的群岛。科学家在当地居民的协助下进一步了解到，不仅这座岛上有巨蜥，附近另外两座小岛上也有它们的踪影。1984年，其中一座岛上发生了森林火灾，火势迅速席卷了整个岛屿，岛上的动物几乎都在这场大火中丧生了，只有500只巨蜥具有游泳本领，凭着求生欲望和动物特殊的本能，奋力游了15千米，横渡宽阔的海面，精疲力竭地游到另外一座小岛，逃脱了这场灾难。

面对这里如此众多的巨蜥，人们不由又提出一个新问题。据古生物学家提供的资料，包括澳大利亚在内，古时候附近广大区域都有它们的踪迹，许多地方都找到了它们的化石。为什么别处的巨蜥早就消亡了，而这里的巨蜥怎么能够不受历史淘汰和外界伤害一直安然生活呢？

地质学家解释了原因。原来在地质时期，附近曾经发生地壳陷落，使这里和周围分隔开。残留在这里的巨蜥受到它的许多天敌无法渡过的大海保护，才能安然无恙一直残存到今天，成为现实生活里的"侏罗纪公园"。

爬上树的鱼

孟子是战国时的思想家、政治家和教育家。那时候,天下有七个大国争雄,到处打来打去,老百姓的日子非常难过。孟子为了争取和平,不怕劳苦周游列国,向各国国王宣传"仁政"的重要。他来到齐国,齐宣王非常看重他,拜他做客卿,常常和他聊天,听他的意见。

有一天,他和齐宣王聊天,问齐宣王:"您最大的愿望是什么?"

齐宣王笑了笑,没有回答。

孟子说了许多事情,问他最大的愿望是不是这些。

齐宣王依旧笑了笑,没有回答他。

孟子猜出来了,问他:"您最大的愿望,是不是想征服天下?如果这样做,简直就是缘木求鱼嘛。"

什么是"缘木求鱼"?就是爬到树上去抓鱼。鱼生活在水里,树上哪有鱼呢?这样让将士们冒着生命危险去攻打别的国家,想满足自己的欲望,必定会受到天下反抗,哪还有什么快乐可说。要用这样的办法来寻找快乐,岂不就像爬上树去抓鱼吗?

孟子用的譬喻很好,教训了这个企图发动战争的国王。可是话又说回来了,难道世界上真的没有爬上树的鱼吗?

生活在热带红树林和泥沼里的弹涂鱼就能爬树。可惜孟子是北方人,从来也没有到过热带,不知道它的存在。

弹涂鱼又叫跳跳鱼、泥猴、海兔,从这些名字就能知道它是什么样子了。

弹涂鱼这个名字,就表明它能在海涂上弹跳。海涂,就是潮水可以淹没的海滨泥滩。这个名字不仅说明了它能蹦跳的特点,也点明了它生活的环境,真是再恰当不过了。

为什么叫它跳跳鱼?因为退潮以后,它就在地上蹦蹦跳跳,所以叫这个名字。海兔的名字也是这样来的。人们瞧见它从海水里跳出来，活像是一只会跳的小兔子，所以叫它海兔。

为什么叫它泥猴？因为它在湿淋淋的泥地上蹦跳，全身沾满了泥。加上它还会爬树，有两只骨碌碌转的眼睛，活像是一只可爱的小猴子，当然就叫泥猴喽。

弹涂鱼居住在海边的淤泥滩上，在那里挖一个小小的洞，藏在洞里面。潮水刚退下去，它们就一身湿淋淋地从洞里钻出来，在泥地上乱跳一气，到处找东西吃。只要受到一丁点儿惊吓，它们就立刻钻进洞，或者跳下水。

弹涂鱼吃什么？它在水里吃一些浮游生物和海藻，在退潮的海滩上抓小螃蟹、沙蚕吃，在陆地上抓昆虫吃。水里的浮游生物能有多少？再多也没有陆地上的食物多，所以它特别喜欢出水蹦跳，甚至爬上半淹没的红树上面找东西吃，赢得了"爬上树的鱼"的美名。

勇敢的弹涂鱼钻出水，为了适应陆地环境，不仅要改变许多生活习惯，还得改变自己身体的一些特点。

鱼儿离开了水，怎么活下去呢？

弹涂鱼有办法。它离开水的时候，常常在嘴里含一口水，用来延长在陆地上停留的时间。这个办法真妙呀，活像是潜水员随身携带氧气罐一样。它用嘴巴里的水帮助呼吸，能在外面多停留一会儿。

话虽然这么说，嘴巴里的水总是有限的。如果嘴巴一张，水流光了怎么办？

弹涂鱼还有别的办法。原来它的尾鳍、皮肤和口腔里有许多黏膜，还有许多微血管能够辅助呼吸。当它觉得呼吸困难的时候，把尾巴浸进地上的小水潭里，也能呼吸一会儿。虽然它离开水，冒险在地上跳来跳去，似乎有窒息的危险，可是它使身体随时保持湿润，照样能够维持生命，不会像别的鱼儿那样离开了水就会很快死掉。

鱼儿离开了水，怎么活动呢？

为了适应陆地生活环境，弹涂鱼的胸鳍有发达的肌肉，能够像脚一样爬行；腹鳍演化成特殊的吸盘，能够牢牢吸附在树枝上，不会从树上跌下来。

陆地上的情况比海里复杂得多，也危险得多。为了适应这个新环境，弹涂鱼的眼睛长在脑袋顶上，鼓得圆圆的，转动非常灵活，能看清四面八方。

你别小看了弹涂鱼，它能够勇敢地从水里走进陆地，是鱼演变成两栖动物的一个活生生的例子。

沙漠之舟——骆驼

科学家彭加木在罗布泊沙漠里失踪后,一支支救援队伍进入沙漠寻找,可惜都没有找到他。时间一年年过去,彭加木生还的机会早就没有了。人们深深怀念这位勇敢的科学家,还在继续寻找,哪怕找到他的遗体也行。

有一年,一支队伍进入罗布泊沙漠,没有找到彭加木的踪迹,却意外地发现了一具野骆驼的骨骼。野骆驼是珍贵的保护动物,以前还没有发现过它的完整骨架。不消说,这个骨架的发现有非常重要的科学研究价值,引起了人们的注意,它被运送到博物馆里好好保存起来。

经过科学家的努力,野骆驼的骨骼一具具被发现了。从野骆驼骨骼的发现,科学家知道以前它分布面积非常广泛,包括塔克拉玛干大沙漠在内的许多地方都有它的踪迹。由此可见古时候野骆驼的活动范围很大，数量一定不少。可惜现在我国境内只留下几百只，受到严酷的自然环境和不法分子的偷猎威胁，野骆驼几乎快要消失了。

野骆驼和大熊猫一样稀少，是国家一级保护动物，生存条件却比大熊猫恶劣得多。由于沙漠里缺乏水源，野骆驼只能依靠喝一点儿盐水生存。如果再不积极挽救，野骆驼很快就会绝迹。保护野骆驼已成为迫不及待的重要问题，我国成立了罗布泊野骆驼国家级自然保护区，狠狠打击偷猎行为，认真保护野骆驼，使它的数量逐渐增加，尽快恢复到往昔的情景。

骆驼号称"沙漠之舟"。

为什么骆驼能够在沙漠里生存呢？这和它们世世代代与恶劣的环境斗争逐渐形成的自身生理特点分不开。

沙漠里没有水，也很难找到食物。骆驼经过一代代磨炼，养成了长时间不喝水的特殊本领。根据实际观测，它能够17天不喝水还可以活下来。它的胃里有好几个"水囊"。好不容易遇着水，它就咕噜咕噜拼命喝，能一口气喝下100升水，在胃里储存起来，留待以后慢慢消耗。它的背上有两个肉瞪瞪的驼峰，好像是两个大仓库，里面贮藏着大量脂肪。在需要的时候，脂肪逐渐分解，变成身体急需的营养和水分，供给自己使用，还怕什么缺水和几天没有东西吃吗？

骆驼不仅有在身体内部保存水的特异功能，还会尽量减少自己的排水量，适应缺水的沙漠生活。它的身体内部水分散失缓慢，即使脱水量达到体重的四分之一，也没有什么明显的不利影响。

包括人类在内，别的动物在火辣辣的烈日暴晒下，大都会浑身流汗。骆驼可不随便流汗，也不随便撒尿。减少汗和尿消耗，就大大节省了身体内部的水分，这对沙漠生活很重要。

沙漠里很热，气温常常超过50℃。在沙漠里走路，不穿鞋准会烫坏脚板。骆驼才不怕呢。它的脚掌下面有一层厚厚的角质肉垫，一点也不怕烫。

沙漠里到处都是松软的沙子，走在上面一步一陷，很不容易前进。骆驼脚掌宽大，稳稳当当踩着沙子，绝对不会陷下去。

沙漠里风沙很大，吹得人睁不开眼睛，没走多远，鼻子、嘴巴里就会灌满沙子。骆驼一点也不用担心，它的耳朵里有毛，鼻孔能够自由关闭，有双重眼睑和浓密的长睫毛，才不怕风沙呢。

骆驼的力气很大，能够驮运笨重的货物在茫茫沙漠里长途前进，是名副其实的"沙漠之舟"。

沙漠盗贼大沙鼠

奇怪，奇怪，真奇怪，老鼠也会上吊自杀。

这是一件发生在新疆石河子的真实事情。有一天，有人路过沙漠边缘，远远瞧见前方灌木丛里吊着一个小小的黑影，它不停地动来动去。不知道是什么东西，他好奇地走过去一看，不由惊奇地瞪大了眼睛。

啊呀，想不到竟是一只又肥又大的老鼠，瞧见有人走来，它挣扎得更加厉害了。

咦，这是怎么一回事？老鼠有什么想不开的事情，居然也要上吊自杀？

这个过路人没费多少力气，就抓住了这只老鼠，并打死了这个坏家伙。

这只老鼠虽然被打死了，他却想来想去也不明白：老鼠怎么会自己上吊，是不是有人故意把它吊在这里的？

他更加想不到的是，当他把这件怪事告诉当地人时，当地人一点也不觉得奇怪，反而淡淡一笑告诉他："这有什么奇怪的。在咱们这儿，老鼠上吊的事情可不是一起两起啦。"

当地人这番话让他更加惊奇了。为什么老鼠也会上吊自杀？实在太神秘了。

原来这不是一般的老鼠，它是专门生活在沙漠里的大沙鼠。大沙鼠是有名的沙漠盗贼，专门偷沙漠边缘田地里的粮食，搬回洞里存起来准备过冬。当人们发现它的窝，挖出被盗的粮食，它就会又急又气，在洞外的灌木丛里乱蹿一通，一不小心被灌木枝挂住，它用尽力气想挣脱，没挣脱就被活活吊死了。

沙漠里真有老鼠吗？

有呀，沙漠里老鼠的种类可多呢，仅在新疆沙漠边缘就有七种。其中，大沙鼠最多。

大沙鼠的身体有十几厘米长、100多克重，眼睛大，耳朵小，尾巴又长又粗，几乎和身体一样长，背上长满黄色毛，肚皮是白的。如果趴在沙地上不动，很难发现它的踪迹。奇怪的是，它的后脚掌上长着密密的绒毛，白天在晒烫了的沙漠上走路，根本就不必担心会烫伤脚。

　　为什么它只是后脚掌上有毛，前脚掌上没有呢？因为它的后脚能站起来，后脚用得比较多。

　　只用后脚怎么走路呢？它可有办法了，它压根儿就不像一般的老鼠那样放下四只脚拼命跑，而是用两只后脚使劲蹦跳。它的前脚是用来挖洞和摘东西吃的，完全用不着来奔跑。

　　为什么大沙鼠能够用两只脚跳？原来它的后腿又长又强壮，能够蹦两三米远、半米多高，后面还拖着一根长长的尾巴，边蹦跳、边摇晃，用来平衡身体、控制方向，活像一只小袋鼠。因为它的后脚上长满了绒毛，所以又叫它毛脚跳鼠。

　　瞧着这种老鼠，人们觉得很奇怪，沙漠边缘一片荒凉，它怎么过日子呢？

　　是的，这儿的确很荒凉，可是凶恶的敌人也很少。饿肚皮算不了什么，总比整天提心吊胆随时害怕遇着敌人送掉小命好得多呀。

　　其实，这儿也有许多吃的东西。除了灌木丛里的野果子、枝条和野草，最重要的食物来源是偷附近田里的粮食。大沙鼠为了度过又长又冷的冬天，不等作物成熟，就成群结队窜进田里提前"秋收"了。它们有时候还钻进人的家里去偷粮食，把别人的粮仓搬空，装满自己的"粮仓"。人们挖开老鼠洞,常常可以挖出整整一麻袋粮食。把它过冬的救命粮食挖走了,它还不气得乱蹦乱跳,一下子挂在灌木枝头上吊吗?

陆地动物之王——大象

1994年，一伙疯狂的匪徒端着枪闯进云南西双版纳的密林里，见着大象就打，总共打死了16头，打伤了4头。他们为了取象牙，打死打伤的几乎都是公象，剩下许多受了惊吓的孤儿寡母，不得不逃进密林深处。

这件事就这样完了吗？

不，为了惩办这些猖狂的偷猎不法分子，公安部门把这个事件列为专案侦察，终于把他们一网打尽，枪毙了4个主犯，其他从犯也判了刑。看来这件事可以画上一个句号了。

不，大象的记忆力特别好，还没有忘记这笔深仇大恨呢。它们有自己的复仇方式，不管时间多久，也不会放过仇人。

过了不久，忽然有一头满身是伤、瘸腿的大象从山上下来，发疯似的冲进寨子，愤怒地毁坏了许多竹楼。原来它没有忘记那次血腥大屠杀，养好了伤，气冲冲下山报仇了。

平心静气地说，这件事能怨这头瘸腿大象吗？

不，这是人们犯下的罪行带来的后果。大象不知道伤害它们的匪徒已经得到了严惩，只知道面前的这些两脚动物伤害了它们，就不分青红皂白前来复仇了。

由于人们不断砍伐森林，压缩了包括大象在内的许多野生动物的生存空间，使它们不得不冲出密林，到人们居住的地方找东西吃，从而发生了许多冲突。

根据计算，一头大象需要30平方千米的活动空间，才有充足的食物够它生存下去。人类为了自己方便，不管三七二十一随便砍树开垦田地，把野生动物压迫得几乎没有活命的空间了，大象怎么不知人们发生冲突呢？一场场人象之争的罪魁祸首到底是谁？人们应该好好想一想才对。

大象是陆地上最大的动物。我们常常看见的亚洲象，又叫印度象，最大的有两三米高、3吨重，主要分布在印度和东南亚，我国云南省西双版纳也有它们的身影。非洲象比亚洲象大得多，大的有3·7米高、10吨重，连鼻子在内大约有10米长，这才是陆地上真正的巨无霸。

仔细看亚洲象和非洲象，除了个子大小，还有许多地方不同。亚洲象只有公象才有弯弯的门牙，非洲象不管公象还是母象全都有很长的门牙。大象耳朵可以用来扇风，好像是两把大扇子。非洲象的耳朵比亚洲象大得多，没准儿因为非洲特别热，需要两把特大的扇子扇风呢。

大象的门牙是最好的武器。威武的公象挺起两只又粗又长的门牙，好像是两把锋利的长矛。谁敢招惹它，它就用力狠狠一戳，准会把敌人戳得一命呜呼。它的长鼻子是动物界里用途最广的鼻子，不仅能用来呼吸，还能代替手臂抓东西吃、当成皮鞭子抽打敌人，也能吸水、喷水。如果谁惹它生气，它就举起橡皮管一样的长鼻子猛地喷一股水，准会把它淋成落汤鸡。

大象是爱好和平的动物，从来不轻易伤害别的动物，只靠吃树叶、野芭蕉一类的东西过日子。这样大的身体，一天要吃多少东西呀？有人计算过，一头大象每天至少要吃150千克植物才能填饱肚皮。

啊呀，一头大象一天就要吃这样多的东西，一群大象要吃多少东西才够啊？如果让它们敞开肚皮吃，会不会把一片森林吃光？

放心吧，不会的。人们发现在热带雨林里，有好几十种植物种子必须通过大象的肠胃，随着它的粪便拉出来，才能够发芽生长。种子发芽后，吸收大象粪里的养料，生长得非常茁壮。别看大象吃了许多植物，在它走过的地方，常常又生长出一片片新的绿荫。

大象喜欢群体生活。亚洲象常常几只、十几只聚集在一起，过着小集体生活。非洲象就不一样了，动不动就几十只，甚至几百只聚集成黑压压一大群，过大集体生活。为什么非洲象群特别大？没准儿因为在非洲荒野里，狮子和别的凶猛动物也是成群结队的，如果大象太少，显不出威风，打不过它们吧。

亚洲象和非洲象的性情也不一样。亚洲象脾气好，只要经过训练，就能够像牲口一样给主人干活，是传统的"马、牛、羊、鸡、狗、

猪"之外的第七种牲口。聪明的大象还能表演马戏节目。古时候在印度和东南亚一些国家甚至组成特殊的大象军团,像活坦克一样冲锋陷阵,谁也别想阻挡。非洲大象可不一样了。它们天生野气,脾气特别暴躁,为了保护自己的孩子,和狮子拼命还可以,但叫它们为了人类上战场,可不容易了。

象牙非常贵重,可以用来雕刻各种各样的艺术品。一些黑心肠偷猎者为了得到象牙,十分残忍地杀害大象,使大象的数量越来越少。保护大象已经到了不能再等待的时候了。